AF693204

La fascinación azteca por las aves: descifrando fuentes en náhuatl del siglo XVI

CONTRIBUTIONS
IN ETHNOBIOLOGY

CONTRIBUTIONS IN ETHNOBIOLOGY

Editores de la serie: Cynthia Fowler y Steve Wolverton
Editora en jefe: Cheryl Takahashi

Contributions in Ethnobiology (*Contribuciones en Etnobiología*) es una serie de monografías revisadas por pares, que presenta una investigación de vanguardia en etnobiología, se trata de obras originales, ricas en datos y con la extensión de un libro. Es la única serie de monografías dedicada expresamente a representar la amplitud de los temas etnobiológicos.

Explorations in Ethnobiology: The Legacy of Amadeo Rea
Editoras: Marsha Quinlan y Dana Lepofsky

Sprouting Valley: Historical Ethnobotany of the Northern Pomo from Potter Valley, California
James R. Welch

Secwepemc People and Plants: Research Papers in Shuswap Ethnobotany
Editoras: Marianne B. Ignace, Nancy J. Turner, y Sandra L. Peacock

Small Things Forgotten: Artifacts of Fishing in the Petén Lakes Region, Guatemala
Prudence M. Rice, Don S. Rice, y Timothy W. Pugh

Ainu Ethnobiology
Dai Williams

Sahnish (Arikara) Ethnobotany
Kelly Kindscher, Loren Yellow Bird, Michael Yellow Bird, y Logan Sutton

Ethnozoology of Egede's "Most Dreadful Monster," the Foundational Sea Serpent
Robert L. France

The Aztec Fascination with Birds: Deciphering 16th-Century Sources in Náhuatl
Eugene S. Hunn

La fascinación azteca por las aves: descifrando fuentes en náhuatl del siglo XVI
Eugene S. Hunn (Traducción al español por Graciela Alcántara Salinas y Eugene S. Hunn)

La fascinación azteca por las aves: descifrando fuentes en náhuatl del siglo XVI

Eugene S. Hunn

Traducción al español por Graciela Alcántara Salinas y Eugene S. Hunn

Society of Ethnobiology
2026

Copyright © 2026 Society of Ethnobiology
Todos los derechos reservados

Library of Congress Control Number: 2025910463

ISBN (rústica) 979-8-9884181-3-9
ISBN (PDF) 979-8-9884181-4-6

Society of Ethnobiology
Sala de Arqueología de la Universidad de Boston 345,
675 Commonwealth Ave., Boston, MA 02215

Portada: Dibujo parte superior: HUITZITZI-LI, colibríes (Dibble & Anderson, 1963, Figura 61, por Del Paso y Troncoso); dibujo inferior izquierdo: TLĀUH-QUECHŌL, La Espátula Rosada (Dibble & Anderson, 1963, Figura 44, por Del Paso y Troncoso); dibujo inferior a la derecha: CUĀUH-TLI, Águila Real (Dibble & Anderson, 1963, Figura 114, por Del Paso y Troncoso).

Tabla de Contenido

Lista de Figuras

Lista de clips de sonido

- Rascón Nuca Canela, clip de sonido de Jessy Lopez Herra, ML435824171
- Tinamú Canelo, clip de sonido de Vicente Desjardins, ML435021671
- Tinamú Mayor, clip de sonido de Adam Dudley, ML432084251
- Rascón Azteca, clip de sonido de Anuar López, ML432093161
- Martín Pescador Norteño, clip de sonido de Liza Verkony, ML436910561
- Halcón Guaco, clip de sonido de Adam Betuel, ML43667964
- Vireón Esmeralda, clip de sonido de Daniel Garrigues, ML 437064121
- Saltapared Barranqueño, clip de sonido de Brayden Luikart, ML436865601
- Cuiacoche Pico Curvo, clip de sonido de Andrew Theus, ML436112051

Los clips de sonido junto con las imágenes están archivados en la Colección Digital de Sonido e Imágenes de Aves Aztecas. Escanee el código QR a continuación para acceder al archivo, o visítelo en: https://ethnobiology.org/publications/contributions/aztec-fascination-birds/digital-collection.

Agradecimientos

Este proyecto no hubiera comenzado si no hubiera llamado de manera repentina a Stephanie Wood, editora del Diccionario Náhuatl en línea alojado en la Universidad de Oregón. La Dra. Wood se entusiasmó con la idea de volver a visitar el *Códice florentino* y las aves como medio para afinar las traducciones de la nomenclatura náhuatl. Sus consejos y aliento me alejaron de posibles interpretaciones erróneas de los textos en náhuatl. También debo reconocer el gran aporte de los perspicaces comentarios del erudito del náhuatl, León García Garagarza. Quisiera agradecer también a Cynthia Fowler, Cheryl Takahashi y Steve Wolverton por su oportuna edición y al equipo editorial de Society of Ethnobiology de *Contributions in Ethnobiology* por hacer posible la rica impresión en color y, por supuesto, agradecer a dos revisores anónimos por su apoyo y valiosas sugerencias críticas. Finalmente agradezco a Graciela Alcántara-Salinas por ayudar con la traducción al español de este libro.

Los permisos para reproducir citas de texto, imágenes y clips de sonido en la versión impresa y el archivo digital adjunto son los siguientes:

- Material citado del *Códice florentino* (CF): Reimpreso de *Códice Florentino: Historia General de las Cosas de la Nueva España, Libro 11, Cosas de la Tierra*, por Fray Bernardino de Sahagún, traducido por Arthur J. O. Anderson y Charles E. Dibble con permiso de School for American Research, Santa Fe, New Mexico. Derechos de autor 1981.
- Las fotografías y clips de sonido de las aves descritas (Figuras 8, 9, 10, 12, 13, 14, 15, 16, 17, 18, 19, 20, 21, 23, 24, 26, 27, 28, 29, 30, 33, 35, 38 y todos los clips de sonido), provienen del archivo de The Macaulay Library at the Cornell Lab of Ornithology. Cada imagen y clip de sonido, es identificado por el número de catálogo de la Biblioteca Macaulay, se acredita al fotógrafo y/o registrador de sonido en los pies de figura respectivos.
- La imagen y la descripción del "Tocado de Moctezuma" (Figura 6), se tomó del Kunsthistorisches Museum, Wien.
- La imagen titulada "La fundación de Tenochtitlán" de *El Códice Mendoza* (Berdan & Anawalt, 1992) (Figura 4), fue obtenida con el permiso de la Editorial de la Universidad de California.
- La imagen en color titulada "Pájaro pequeño con escudo, lanza y flor. Techinantitla, Teotihuacan, 600–750 d.C.", de Serpientes emplumadas y árboles en flor: es una reconstrucción de los murales de Teotihuacán (Berrin, 1988, p. 170, Lámina 17) (Figura 5), se debe al Museo de bellas Artes de San Francisco.

- La pintura de Andrew Jackson Grayson fue publicada en la *Lista de Distribución de las Aves de México, Parte II,* Miller et al., 1957, pp. 62–63 (Figure 25), cuenta con el permiso de reproducción a color de: The American Ornithological Society.
- La imagen de Quetzal-Coatl del *Códice Borbónico* (Figura 7), proviene de: The Akademische Druck- und Verlagsanstalt.
- La imagen gráfica de Ehecatl, el dios del viento (Figura 36) fue obtenida de Symboliko.

Etnoornitología del Imperio Azteca: Introducción

Imagina que vives en el Valle de México; es 1519 hay; misteriosas montañas flotantes, una primera impresión de los barcos españoles, acaban de ser vistas frente a la costa oriental. Extraños fenómenos meteorológicos perturban la plácida superficie de los lagos que llenan el Valle mientras la Gente del Agua en sus canoas caza patos para la cena:

> El viento azotó el agua hasta que hirvió. Era como si hirviera de rabia, como si se hiciera añicos en su frenesí. Comenzó desde lejos, se elevó en el aire y se estrelló contra las paredes de las casas. Las casas inundadas colapsaron en el agua (citado en Leon-Portilla, 1992, p. 5).

Con cierto presentimiento, estos plebeyos aztecas temían que les esperaba un cataclismo. ¿Podrían haber imaginado que su gran ciudad capital, Tenochtitlán, dominante sobre una isla en el centro de los lagos (Figura 1), sería destruida en solo dos años por una fuerza invasora de hombres barbudos y por una terrible plaga? Para 1521 su resplandeciente ciudad, "la Venecia mexicana", está en ruinas, su *Tlatoani,* el emperador Moteuczoma Xocoyotzin (Figura 2), asesinado, sus templos, piramidales derribados, su pueblo diezmado. No obstante, la vida cotidiana en los distritos rurales cercanos sobrevivió a este apocalipsis.

Pasan seis años y llegan hombres vestidos de marrón para predicar una nueva religión, con la intención de borrar todos los antiguos recuerdos de dioses mesoamericanos y los sangrientos sacrificios que sus dioses habían requerido para "alimentar al sol". Uno de estos misioneros del otro lado del océano fue Fray Bernardino de Sahagún (Figura 3). Él creía que para convertir verdaderamente a los hijos de los ancianos aztecas se requería en primer lugar que los monjes misioneros comprendieran completamente las antiguas costumbres y las creencias ajenas de sus posibles conversos. Con ese fin, se estableció un colegio para formar a los hijos de la nobleza azteca y registrar su mundo escribiendo con un alfabeto en latín, pero con sus propias palabras, en su propio idioma: el náhuatl, una enciclopedia del conocimiento azteca sobre los dioses, los gobernantes, la gente común, su historia, que concluye con un relato de las "Cosas Terrenales" de su mundo, que incluye, "todas las aves". Mi tarea es intentar traducir lo mejor posible a esta fecha los nombres de estas aves, tan bien conocidas por los aztecas, a fin de apreciar mejor el profundo aprecio de los aztecas por sus vecinas, aladas.

Es un relato épico basado en que esta enciclopedia de la cultura nahua sobrevivió a siglos de terribles desventuras. El borrador del manuscrito que sobrevive fue editado por Sahagún, a sus 80 años de edad, en medio de una epidemia de fiebre hemorrágica.

Figura 1. El Valle de México alrededor de 1519 que muestra nombres de asentamientos y sistemas irrigación (Madman, 2001 CC BY-SA 3.0).

Figura 2. Moteuczoma Xocoyotzin (conocido como Montezuma II), pintado por Antonio Rodríguez.

Figure 3. Fray Bernardino de Sahagún, Museo Nacional de Historia (CC BY-SA 4.0).

> Escribiendo durante la virulenta epidemia de 1576, Sahagún recordó una plaga anterior sucedida hacía 1545, cuando afirmó haber enterrado más de diez mil cadáveres, antes de que él mismo cayera enfermo y casi muriera. 'Casi no hay nadie en el colegio', se lamentó. 'Muertos y enfermos, casi todos desaparecidos' (citado en Terraciano, 2019, p.105–106).

"En la década de 1570, Sahagún había visto 'toda la tierra ... empobrecida de gente' con sus propios ojos" (citado en Terraciano, 2019, p. 114).

Mientras tanto, en España, en abril de 1577, el rey Felipe II emitió un decreto que concluía: "Se aconsejará que no permita que nadie, por ningún motivo, en ningún idioma el escribir sobre las supersticiones y forma de vida que estos indios tenían" (citado de Códice Franciscano en Terraciano, 2019, p. 8). Al parecer, desafiando esta orden real, "Sahagún confió una versión completa con imágenes a su colega franciscano, [Fray Rodrigo de] Sequera, quien partió de México rumbo a España en 1580" (citado de Códice Franciscano en Terraciano, 2019, p. 8). En este punto, la información se pierde. Sin embargo, sabemos que en algún momento antes de 1588 Fernando I de' Médici adquirió el manuscrito, por regalo o compra, de Sequera (Terraciano, 2019, p. 8). Luego se guardó en un archivo en Florencia, actualmente ubicado en Italia. De ahí el título: *Códice Florentino.* Aquí estuvo "perdido" durante 300 años. Hoy en día, las fotocopias del manuscrito original son accesibles—escrito a mano y pintado a mano en colores gloriosos—y pueden verse en línea, mientras que una versión impresa está disponible con una traducción al inglés que coincide párrafo por párrafo con el original en náhuatl (Dibble & Anderson, 1957–1982). Gracias a esto, ahora podemos deslizarnos a través de este túnel del tiempo para escuchar las palabras de los escribas aztecas en "tiempo real".

Aquí una breve nota sobre las convenciones ortográficas que podría ayudar al lector. El náhuatl en el manuscrito original usaba "x" para un sonido más parecido al inglés moderno como "sh". Así que "México", como ahora se pronuncia, evolucionó por etapas desde el náhuatl original MĒXIHCA-TL, es decir, "residente de México-Tenochtitlán" (Karttunen, 1983, p. 145) pronunciado ~ "meshica". La obra original en inglés y en español utiliza mayúsculas para las "formas canónicas" de los términos náhuatl, es decir, formas verificadas lingüísticamente y representadas como tales en los diccionarios náhuatl modernos. El náhuatl clásico distinguía las vocales largas de las cortas al superponer una barra horizontal sobre la vocal larga, y la "H" representa una oclusión glotal, aproximada por el sonido ronco de la "j" española, como en "jarabe". También se dividen estas formas canónicas para indicar la estructura interna de la palabra, aislando sufijos y morfemas. Por ejemplo, QUETZAL-TŌTŌ-TL se compone de QUETZAL, una pluma preciosa, TŌTŌ-, "pájaro", y -TL, marcando el singular. Los escribas aztecas escribieron la "j" como una vocal equivalente al sonido "i" del español moderno y usaron el signo ortográfico de cedilla, "ç", para la "z". Cuando cito el *Códice,* puedo usar estos símbolos. El sonido "tl" es común en náhuatl y suena igual que la "t-l" que escuchamos en "atleta", pero una combinación que sirve como un sonido independiente.

¿Quiénes eran los aztecas?

Según la leyenda, los aztecas eran inmigrantes pobres de un lugar de origen casi mítico al noroeste del Valle de México conocido como *Aztlán,* que podría interpretarse como "el lugar de las garcetas". A su llegada en el año 1300 d.C., encontraron las orillas del lago del Valle de México densamente pobladas y controladas por varias ciudades-estado poderosas. Todo tenía conexión con una civilización tolteca predecesora con su capital, Tula, para entonces en ruinas. El relato legendario cuenta que estos pobres migrantes fueron relegados a una isla pantanosa en el lago de Texcoco donde encontraron un águila posada en un nopal agarrando una serpiente (Figura 4). Estos aztecas fueron primero súbditos de Colhuacán, la potencia del sur, luego aliados del reino Tepaneca de Atzcapotzalco que controlaba la orilla occidental del lago. Hacia 1426, los aztecas dieron la vuelta a la tortilla a sus poderosos aliados,

Figura 4. Fundación de Tenochtitlán obtenido del *Códice Mendoza.*

derrotando a Atzcapotzalco para convertirse en la fuerza dominante en el Valle de México (cf. Leon-Portilla, 1992).

Esta historia legendaria plagada de conflictos distorsiona un hecho fundamental, que los aztecas no eran más que una de las muchas comunidades locales que compartían una larga y rica herencia cultural que se remontaba al menos a la gran ciudad de Teotihuacán, al noreste de la actual Ciudad de México, corazón del primero de los tres imperios sucesivos del Valle de México, con sedes en Teotihuacán, Tula y Tenochtitlán. Teotihuacán era una verdadera ciudad, bien organizada con una población urbana estimada de casi 200.000 habitantes en su apogeo alrededor del año 500 d.C. Llegó a extenderse hasta Guatemala, el idioma que se hablaba en esa ciudad aún no se conoce, pero probablemente era una lengua del centro de México distinta al náhuatl. Lo que aquí caracterizo como: "la fascinación azteca por las aves" puede rastrearse directamente en la primer gran civilización central de México asentada en Teotihuacán; esto es evidente, a partir del reciente descubrimiento de murales policromados que cubren las paredes de un grupo de habitaciones del sótano cerca de la Pirámide de la Luna en el extremo oriente de la amplia "Avenida de los Muertos", el eje central de la ciudad (Figura 5).

Figure 5. Pájaro pequeño con escudo, lanza y flor. Techinantitla, Teotihuacán, 600–750 d.C. (Berrin, 1988, p. 170, Lámina 17; con permiso de los Museos de Bellas Artes de San Francisco).

> Las aves se encuentran entre los temas más frecuentes representados en el arte teotihuacano.... A pesar de su ubicuidad e importancia, las aves en el arte teotihuacano han sido un problema durante mucho tiempo por la dificultad de identificarlas. Las mismas aves han sido identificadas como quetzales, búhos, loros y águilas (Berrin, 1988, pp. 163–164).

La Figura 4 muestra una de las muchas imágenes de "pájaros pequeños" de este complejo de murales, las características del ave sugieren una amalgama de especies, pero el rico plumaje verde ciertamente sugiere el Quetzal Mesoamericano. ¿Quiénes eran los aztecas? El último de un milenario linaje cultural mesoamericano.

Etnobiología

El estudio de la etnobiología es un esfuerzo por documentar el conocimiento del entorno natural que se comparte dentro de una comunidad, en conjunto con la sabiduría que mantienen y las aplicaciones prácticas de ese conocimiento que les apoya para mantener sus medios de subsistencia (Anderson, 2011). Cada cuerpo de conocimiento local constituye una "biología popular". La etnoornitología simplifica la tarea al restringir el enfoque al conocimiento local de un grupo bien definido de seres vivos, las aves (la clase de vertebrados: Aves, en el esquema de clasificación de Linneo).

Las comunidades locales indígenas y/o dependientes de la subsistencia con profundos vínculos con el entorno natural local han recibido la principal atención de investigaciones con carácter etnobiológico. Es probable que tales comunidades tengan un vibrante conocimiento ambiental y ecológico tradicional de los ecosistemas locales. Por lo tanto, al documentar el conocimiento cultural de tales comunidades, podemos apreciar mejor la universalidad de la ciencia humana de la historia natural.

En la última década, he estado involucrado en la colaboración en un proyecto etnoornitológico para comparar el conocimiento local contemporáneo de la vida de las aves en una amplia muestra de comunidades indígenas mexicanas (Alcántara-Salinas et al., 2015; Alcántara-Salinas et al., 2022). Mi contribución en este proyecto sintetiza mi investigación en dos de estas comunidades, una ciudad de habla maya en las tierras altas de Chiapas (Hunn, 1977) y, otra ciudad de habla zapoteca en el sur de Oaxaca (Hunn, 2008). Mi colega Graciela Alcántara-Salinas ha documentado el conocimiento etnoornitológico en cuatro comunidades: zapotecos y cuicatecos en el norte de Oaxaca (2011); de las aves Kiliwas en colaboración con Elena Ibáñez y de las aves de Coetzapotitla en un pueblo de habla nahua en Veracruz. La etnoornitología de un pueblo maya yucateco es descrita por Anderson y Medina Tzuc (2005), la de los Comcáac o Seri por Morales Vera (2006) y la de los Pima Alta por Rea (2007). Estas comunidades indígenas locales se extienden por toda la nación mexicana, en conjunto brindan refugio a casi el 70% de las 1,100 especies de aves de México, las comunidades fueron estudiadas en detalle; cada uno nombró entre 80 y 150 especies de aves locales.

Por curiosidad, decidí agregar una perspectiva azteca para contrastar con estos estudios de estas sociedades relativamente contemporáneas y su conocimiento de las aves. El Imperio Azteca no puede compararse directamente con las comunidades indígenas mexicanas contemporáneas, al momento de la conquista española (1521), los aztecas no solo abarcaban comunidades campesinas rurales, sino también una élite urbana. Las comunidades indígenas mexicanas de hoy en día comparten una herencia mesoamericana que incluyen la fascinación por las aves de todo tipo. Los murales que decoran las paredes internas de Teotihuacán, que datan de entre el 250 a.C. y el 800 d.C., muestran cuán profundas son las raíces de esta cosmovisión indígena, ya que resaltan el brillante plumaje de las aves mexicanas, como las del Quetzal Mesoamericano, la Cotinga Azuleja, así como aquellas depredadoras como águilas y búhos.

Gracias a los primeros esfuerzos de Fray Bernardino de Sahagún, ahora podemos apreciar la fascinación de los aztecas por las aves, tal como lo informó la ciencia antigua indígena mesoamericana de la historia natural. El esfuerzo etnográfico colaborativo de Sahagún durante décadas en el colonial *Colegio de la Santa Cruz* finalmente produjo una enciclopedia de 13 libros, que tratan de la historia, la sociedad, la economía, la religión azteca y, de particular interés en esta obra, de la historia natural. Estos libros fueron dictados por los aztecas en náhuatl clásico y los textos fueron grabados por descendientes de la nobleza azteca que habían sido entrenados en el *Colegio* para escribir en náhuatl usando también, una escritura el latín. Sahagún identificó a varios de estos "gramáticos y escribas multilingües" aztecas por su nombre, pero se desconocen las fuentes indígenas de los relatos de aves. Posteriormente Sahagún realizó una traducción al español contemporáneo que sigue de cerca el texto en náhuatl dando algún contexto cuando fue necesario.

Hacia 1577 se produjeron diversas versiones de los textos en náhuatl, aunque sólo sobrevivió una, el *Códice Florentino*, descubierto siglos después en Florencia Italia. En esta investigación me enfoqué en el Libro 11 de este *Códice* dedicado a las "Cosas Terrenales", del cual, el "Segundo Capítulo ... habla de todas las diferentes clases de aves" (Dibble & Anderson, 1963, en lo sucesivo citado como CF). En este capítulo se nombran y describen más de 130 tipos de aves que en ocasiones, sorprende el lujo de detalle con el que se describen, este número de especies reconocidas y nombradas está dentro del rango de los inventarios etnoornitológicos de las comunidades indígenas mexicanas contemporáneas. Las ilustraciones en color acompañaban estas descripciones y se imprimieron con las traducciones al inglés en el volumen de Dibble y Anderson; aunque, estas ilustraciones son de uso limitado para determinar la identidad de las aves nombradas, se incluyeron copias de varias de las imágenes para desarrollar los textos. Sin embargo, mi enfoque principal implica un análisis de los nombres y una comparación cuidadosa de las descripciones originales con los relatos ornitológicos contemporáneos para respaldar conjeturas objetivas sobre las diversas especies de aves descritas por estos observadores aztecas.

Algunos críticos argumentan que las palabras no tienen una conexión necesaria con las "cosas" reales del mundo, que las palabras son simplemente productos de la convención social y, por lo tanto, intentar equiparar el vocabulario de una lengua indígena con las designaciones del latín que ocupa la ciencia académica contemporánea, puede ser equiparado a distorsionar la realidad indígena más allá de reconocerla (cf. Ellen, 1982, p. 206ff, para una discusión sobre este tema). Siento disentir al respecto, si bien nunca existe una correspondencia perfecta de los nombres indígenas para las "especies" de los seres vivos, es ineludible que los observadores indígenas experimentan la realidad de las "especies" tanto como lo hacen los ecólogos contemporáneos de campo que estudian las interacciones dinámicas de las "especies" locales en una comunidad biótica. Una "especie" desde la perspectiva tanto del ecólogo de campo como del observador indígena, es una población local de organismos que comparten un papel en la comunidad local "más que humana" y que "verdaderamente se reproducen".

La etnobiología o "biología folk", es a simple vista una ciencia aplicada, por así decirlo, al servicio de "ganarse la vida", pero también mucho más que eso; representa, un compromiso con el mundo animado que lo envuelve.

La etnobiología prescinde del poder analítico de la teoría evolutiva moderna y del dominio técnico de las tecnologías de laboratorio, como el análisis genético y bioquímico. Tales contrastes de método y perspectiva, sin embargo, se aplican con mucha menos fuerza a los estudios de campo de ambientes locales específicos, como los que podrían realizar los ecólogos. Los ecólogos de campo a menudo reconocen a sus guías locales como observadores muy perceptivos y cuidadosos de los hechos sobre el terreno y a menudo son reconocidos como colegas (Diamond, 1966; Johannes, 1981; Majnep & Bulmer, 1977). Los expertos locales que proporcionaron este relato indígena azteca de las "cosas terrenales" deben impresionarnos por el sofisticado conocimiento ambiental local que poseían—considerando aquí solo su perspicacia ornitológica—el producto de una tradición cultural indígena que no debe nada a la tutela colonial y que se puede equiparar en todos los aspectos con historiadores naturalistas europeos como Aristóteles (LeRoi, 2014) y Linneo (Atran, 1990).

Rafael Martín del Campo, del Instituto de Biología de la Universidad Autónoma de México (1940), ofreció traducciones científicas modernas tentativas de los nombres de las aves aztecas. Sugirió la posible identidad para 113 especies basado en el texto en español de la *Historia General de las Cosas de Nueva España* (García Quintana & López Austin, 1988). Sus identificaciones han sido generalmente aceptadas y fueron incorporadas a las traducciones al inglés del *Códice* por Dibble y Anderson.

Sin embargo, muchos de los equivalentes en latín de Martín del Campo están claramente fuera de lugar. Estoy de acuerdo con sus identificaciones para 78 de las 113 especies para las que, además, emitió ciertas opiniones. Sin embargo, sugeriré identificaciones alternativas para 34 de las especies que identificó y ofreceré "suposiciones fundamentadas" en cuanto a las identidades de 19 aves adicionales (ver Apéndice 6). Nuestras diferencias de opinión no son sorprendentes, dado que las guías de campo ilustradas no existían antes de la década de 1970 y una gran cantidad de información nueva ha salido a la luz con respecto a la distribución de las aves de México en los últimos 80 años. De lo sugerido por Martín del Campo y la investigación aquí realizada se sugieren las identificaciones de 133 de las 135 aves nombradas en el *Códice*. En todo caso, podemos apreciar el sofisticado grado de observación que tenían los aztecas de la naturaleza la cual, consideraba la calidad de los detalles que se aportaban para muchas de las aves nombradas. Además, podemos apreciar los diversos roles que jugaron las aves en la *cosmovisión* azteca. Las aves observadas vivían en una amplia gama de hábitats de todo el imperio y dado el alcance que tenía el imperio azteca en 1519, esto no es de sorprenderse. Los emperadores aztecas exigían tributos de provincias lejanas y las plumas brillantes se contaban entre los artículos tributarios más valiosos. Por ejemplo, el Quetzal Mesoamericano (QUETZAL-TŌTŌ-TL, *Pharomachrus mocinno*) anida en la provincia de Tecolotlán, literalmente, "tierra de búhos", que probablemente se encuentre en lo que ahora es la costa del Pacífico de Chiapas, los escribas describieron y nombraron nueve tipos distintos de plumas de esta ave especial, que en última instancia se tejerían en las capas de plumas sagradas que usaba la nobleza azteca, productos de expertos en el arte plumario de los gremios de *amante*cas. El emperador exhibió el poder casi divino, vistiendo un impresionante tocado dominado por unas 400 plumas de la cola de quetzal (Figura 6).

El *Códice* dedica el décimo párrafo final "que habla de las partes de las diferentes aves" (CF, p. 54) documentando el experto conocimiento de los maestros en el arte plumario. Se mencionan 16 tipos de plumas; las plumas de las alas se distinguen como: coberteras menores, medias y mayores, plumas de vuelo y primarias y, cada tracto de plumas se nombra por separado. Se analizan las diversas "partes anatómicas", observando cómo varían entre la diversidad de aves

Figura 6. Tocado de Moctezuma (con permiso del Kunsthistorisches Museum, Wien). También llamado "penacho."

locales: el pico, el ojo, el párpado (es decir, la membrana nictitante), la cabeza, el cuello, la lengua, el esófago, la garganta, la forma del cuerpo, articulaciones, vientre, intestinos, buche, molleja, incluso la glándula de la rabadilla, los pies y los dedos de los pies. Estos detalles revelan una fascinación obsesiva por todos los tipos de aves que fueron observadas de cerca.

De las más de 130 especies nombradas—y dado el desafío de establecer correspondencias entre los nombres de aves en náhuatl y los equivalentes en latín moderno, no es posible proporcionar un número más preciso—alrededor de 50 especies destacaron por su valor cultural: 30 se consideraron comestibles, 26 fueron valorados por sus plumas, 18 fueron juzgadas como "buenas canoras" o se destacaron por sus voces, siete marcaron cambios estacionales y otras siete fueron de gran valor estético. Seis fueron considerados presagios de mala fortuna, cuatro tenían valor mítico, cuatro tenían la característica de poder ser domesticadas, tres tenían usos medicinales, mientras que el Cuervo Común (*Corvus corax*) fue señalado como una plaga de cultivos. En varios casos, se describieron relaciones ecológicas, patrones migratorios y otros comportamientos distintivos.

La gran mayoría de las 130 especies nombradas en el *Códice Florentino* se encuentran en el centro de México, alrededor del Valle de México y en la región más amplia conocida por los Aztecas como el Anáhuac. (la provincia de Anáhuac aparentemente se extendía hasta la costa de Chiapas). El *Códice* detalla unas 40 especies de "aves acuáticas" (CF, pp. 26–39) residentes o visitantes de los lagos que rodean la capital de la isla azteca "Tenochtitlán", lo anterior indica la prominencia particular de los hábitats de humedales que dominaron el Valle de México en la época azteca; muchas de estas "aves acuáticas", se consideraban "comestibles y sabrosas". Fueron perseguidos por la "Gente del Agua", aquellos que vivían alrededor la ciudad capital y dependían de las cosechas de los lagos.

Once variedades de colibríes (HUITZITZI-LI, Trochilidae) fueron nombrados, estos igualmente contribuyeron con sus brillantes plumas de jade y turquesa para los artesanos *amantecas.* Destaca el hecho de que el dios patrón azteca reconocido como una deidad guerrera, era conocido como *Huitzilipochtli* "Colibrí-de-la-izquierda". Los *aztecas*, fueron nombrados por su tierra originaria *Aztlán*, tal vez, "Tierra de la Garceta Blanca" (AZTA-TL). La Serpiente Emplumada, Quetzalcóatl (Figura 7), aparece en la iconografía mesoamericana desde Teotihuacán hasta Chichén Itzá, es evidente que tanto, la cultura azteca y la cultura mesoamericana en general apreciaban profundamente la belleza y el poder de las aves. Se nombran también 26 "aves de presa" incluidos ocho tipos de "águilas" (CUĀUH-TLI, implícitos los halcones más grandes) y ocho de "halcones" (TLOH-TLI), aunque este total parece incluir algunos sinónimos.

La ornitología contemporánea y académica busca clasificar a todas las de aves conocidas dentro de una jerarquía taxonómica de varios niveles dentro de la clase vertebrados; las Aves, incluyen una cascada de rangos subordinados: órdenes, familias, géneros, especies y una plétora de super-, sub- e infra- rango intercalados, todos diseñados para representar mejor nuestra comprensión actual de las líneas evolutivas de descendencia de las aves del

Figura 7. Quetzalcóatl. Reproducido con permiso de Akademische Druck- u.Verlagsanstalt del Folio 22 en el *Códice Borbónico.*

mundo. Los etnoornitólogos u ornitólogos "folk" se preocupan más por apreciar cada especie local sobresaliente en términos de su lugar en la "economía de la naturaleza" local. En lugar de intentar colocar unas 10.000 especies de aves vivas dentro de un único marco jerárquico, prestan atención a la importancia de 100 a 200 especies de los varios cientos que comparten su espacio de vida local. Los aztecas, al igual que otros científicos "folk", desplegaron un marco taxonómico poco profundo de las aves o lo que se conoce como una "forma de vida" para Berlín (1992), separadas como TŌTŌ-TL (o en plural, TŌTŌ-MEH), incluidas todas y solo las aves nombradas en este capítulo, las cuales fueron definidas por poseer plumas (IHUI-TL), también hubo algunos grupos denominados "intermedios" que ayudaron a organizar la lista de aves aztecas, como veremos a continuación.

El capítulo de las aves del *Códice* está organizado en 10 párrafos (CF, pp. 19–56), las cuales aparecen a menudo con asociaciones bastante arbitrarias, sospecho que esta organización pudo haber sido alentada por Sahagún, el editor colonial. También debemos señalar que Sahagún empleó cuestionarios para guiar las entrevistas etnográficas, lo que ayuda a explicar la calidad a menudo programática de las descripciones. El primer párrafo no está etiquetado específicamente, pero parece enfocarse en aves de especial valor por su "precioso plumaje", como el Quetzal Mesoamericano (QUETZAL-TŌTŌ-TL), el segundo párrafo detalla los loros y los colibríes, que, al igual que las aves del primer párrafo, son notablemente coloridos; el tercer párrafo, como veremos a continuación, incluye las "aves que viven sobre el agua" ("*tōtō-me, atlán nemi*", literalmente "pájaros, que viven en el agua"). El cuarto párrafo está dedicado a "las aves rapaces" ("*tlahuitequini*"). El quinto párrafo "habla de otras las aves de cualquier clase". El sexto párrafo "habla de otros tipos de aves", pero trata solo de codornices. El séptimo párrafo "habla de las aves y sus hábitats". El octavo párrafo "habla de las aves que son canoras" ("*tōtō-me, huel cuica-ni*"), mientras que el noveno está dedicado a un extenso relato del guajolote o pavo doméstico y el décimo a una elaborada anatomía de las aves. La lógica de la mayoría de estos párrafos no es explícita ni obvia, lo que indica la jerarquía taxonómica poco profunda empleada por los eruditos aztecas.

La versión en español publicada como *Historia General de las Cosas de Nueva España* más bien sigue vagamente el náhuatl original, pero a veces ofrece elaboraciones útiles que faltan en el *Códice*. Por ejemplo, el primer párrafo del "Capítulo II, *de las aves*", especifica que el primer párrafo es "de las aves de pluma rica" detalle implícito en el original, el texto en español elabora sobre la caza del ave llamada XIUH-TŌTŌ-TL, literalmente, "pájaro turquesa", identificada como la Cotinga Azuleja:

> Esta ave se caza en el mes de octubre, cuando están maduras las ciruelas. Entonces las matan con cebretanas en los árboles. Y cuando caye a tierra, arrancan alguna hierba para que tomándola no llegue la mano a las plumas, porque si llega dicen pierde la color (García Quintana & López Austin, 1988, p. 692).

Las identificaciones de Rafael Martín del Campo se basaron en esta versión española (1940).

El método en mi locura

La cuidadosa lectura del capítulo de las aves en el *Códice Florentino* no deja lugar a dudas de que, los escribas aztecas y sus fuentes expertas fueron meticulosos observadores de las aves en su mundo. Considerando el hecho de que estos ornitólogos indígenas no tenían binoculares, guías de campo, cámaras, dispositivos de grabación de audio y antes de aprender la escritura en latín, ningún sistema alfabético de escritura, además de que vivieron la mayor parte de sus vidas dentro de los confines del Valle de México, lo que lograron al documentar la avifauna mexicana alrededor de 1560 es, en mi opinión ¡asombroso! Imagina que te pidan escribir relatos detallados de cada tipo de ave que hayas visto y posteriormente, tan solo con la ayuda de la memoria, lograr producir una tesis de unas 6.000 palabras en náhuatl, nombrando y describiendo unos 130 tipos de aves. Es importante recalcar que las descripciones en el *Códice* pueden ser, y a menudo lo son, engañosas, ya sea por omisión, por comisión o simplemente por errores editoriales; ejemplos ilustrativos de ello, podrían incluir la descripción de TZINITZ-CAN, por consenso la Coa Mexicana (*Trogon mexicanus*) como un "ave acuática", es obvio que lo anterior no es posible en ninguna parte del imaginario dominante. Por otra parte, la afirmación de que el pico de XOCHI-TENACAL, el Tucán Pico Canoa es "cóncavo", cuando obviamente es "convexo", probablemente un error de traducción ya que el término náhuatl en cuestión TEN-ACAL-TIC, se traduce mejor como "en forma de canoa" (Karttunen, 1983, p. 1).

Para apreciar mejor la calidad de esta ciencia indígena, necesitamos una comparación detallada del conocimiento azteca de las aves, con la de los observadores contemporáneos. Para facilitar esta comparación tenemos disponible, por fortuna, la *Guía de las Aves de México y Norte de Centroamérica* (Howell & Webb, 1995), completamente ilustrada. Si la guía anterior, además la complementamos con guías de campo de América del Norte (e.g., *La guía Sibley de las aves, segunda edición* [Sibley, 2014]), podemos tener mapas detallados de la distribución para cada especie que se sabe ha existido en México y en el norte de América Central (alrededor de 1.070 especies); igualmente, muestran distribuciones estacionales, notas sobre su comportamiento, vocalizaciones, hábitat y rango altitudinal.

Como se señaló anteriormente, el *Códice* es una traducción al español del -siglo XVI - del texto original en náhuatl de la *Historia General de las Cosas de Nueva España* (García Quintana & López Austin, 1988). El ornitólogo mexicano, Rafael Martín del Campo (1940) basó sus identificaciones en textos españoles como la *Historia General*, sus sugerencias fueron ampliamente aceptadas por los autores de la primera y definitiva "Lista de distribución de las aves de México" (Friedmann et al., 1950; Miller et al., 1957) y por Dibble y Anderson para su publicación en inglés de los nombres de aves citados en el *Codice*. Sin embargo, hemos aprendido mucho sobre la avifauna mexicana desde entonces (cf. Howell & Webb, 1995), con esta nueva información, considero que hoy estamos en una mejor posición para interpretar estos textos clásicos. Además, el estudio académico de la lengua náhuatl de los aztecas ha avanzado y ahora se dispone de abundantes recursos lexicográficos que facilitan el análisis de los nombres aztecas de las aves (Karttunen, 1983; Wood, 2000–2020).

Por otra parte, actualmente, es posible comparar el *Códice* con los textos de la ecología contemporánea; he estudiado los sistemas indígenas de nomenclatura y clasificación biológica durante los últimos 50 años, incluidos estudios con trabajo de campo muy detallado de las lenguas maya y zapoteca del sur de México. He sido un ávido observador de aves durante casi 60 años, conozco y he observado la gran mayoría de las aves de México, es bien sabido que, para apreciar completamente un aspecto del conocimiento ambiental tradicional, el investigador se beneficia enormemente cuando comparte con sus colegas indígenas la pasión por el tema. Me baso entonces en esta experiencia para orientar mi lectura en estos textos clásicos de historia natural en náhuatl.

El truco es, hacer coincidir lo mejor posible las descripciones náhuatl de hace unos 450 años con nuestro conocimiento actual, debemos suponer, por supuesto, que las aves en cuestión no han alterado drásticamente sus comportamientos o distribuciones en este lapso de tiempo; en algunos casos, sabemos de cambios significativos como la extinción del Carpintero Imperial (*Campephilus imperialis*) de los bosques de pino-encino de las tierras altas del noroeste de México (último reporte en 1956) y del Zanate de Lerma (*Quiscalus palustris*) reportada por última vez en 1910, porque fue extirpada de su rango original limitado a los humedales de la cabecera del río Lerma, drenada en gran parte, desde entonces (Howell & Webb, 1995). También se sabe que algunas especies se han desplazado más al sur con respecto a sus distribuciones históricas, por ejemplo, la Guacamaya Roja (*Ara macao*), el Zopilote Rey (*Sarcoramphus papa*), el Águila Arpía (*Harpía harpía*), y el Caracara Comecacao (*Ibycter americanus*), otras especies han sido introducidas (con la llegada de los españoles a México) como: la Garza Ganadera (*Bubulcus ibis*), la Paloma Común (*Columba livia*) y el Gorrión Doméstico (*Passer domesticus*).

Curiosamente, el *Códice Florentino* describió cómo, a instancias del emperador Ahuitzotl (1486–1502) se introdujo el Zanate Mayor (*Quiscalus mexicanus*) al Valle de México desde su tierra originaria en las partes bajas costeras de Veracruz, porque "tiene buena voz; habla bien, habla agradablemente" (CF, p. 50). (¡No para mi oído!) ¿Será posible que el Zanate del Lerma ahora extinto podría haber sido el resultado de esta intervención humana?, ya que su hábitat en tierras altas es tan extraño como el del Zanate Mayor. Los aztecas también criaban una variedad de especies de loros y periquitos, tal vez alterando su distribución natural, pues no hay registros de que hayan alcanzado esa extensión. La población disyunta de la Guacamaya Verde (*Ara militaris*) en el noreste de México podría explicarse debido a su comercio como aves exóticas, un aspecto bien documentado (Haemig, 1978). A fin de cuentas, es seguro asumir que la distribución de las aves contemporáneas se acerca mucho a la de la época azteca, a menos que se demuestre lo contrario.

También asumo que los "pájaros" (aves) nombrados son pájaros reales en lugar de criaturas míticas como el fénix de la mitología mediterránea o el "Thunderbird" de las tradiciones indias del noroeste del Pacífico. Esta es una hipótesis de trabajo, no axiomática; del mismo modo, asumo que cada ave nombrada es una entidad única, por lo que, una vez nombrada, no es probable que vuelva a aparecer sin previo aviso bajo un nombre distinto. En contados casos, dos aves con bastantes diferencias, a juzgar por sus descripciones, fueron identificados como de la misma especie por Martín del Campo como: Ā-CIH-TLI y ĀCA-CHICHIC-TLI que fueron identificados como el Achichilique Pico Amarillo (*Aechmophorus occidentalis*), mientras que el primero se ajustaba al relato descriptivo, el segundo no. Más bien, el Avetoro Menor (*Ixobrychus exilis*) es más coincidente para ĀCA-CHICHIC-TLI, por supuesto, un ave puede ser conocida por dos o más nombres, casos de sinonimia. Pero los escribas aztecas fueron muy cuidadosos en anotar tales casos, también es de esperar que los machos, las hembras y quizás las crías de ciertas especies de algún valor particular puedan recibir nombres específicos de género y/o edad, como en español tenemos "gallo" y "gallina". Este es el caso en el *Códice* para el Loro de Cabeza Amarilla (*Amazona oratrix*, los jóvenes se conocen como TOZ-NENE, los adultos como TOZ-TLI), la Codorniz de Moctezuma (*Cyrtonix montezumae*, ZŌL-IN para la especie, TECU-ZŌLI para el gallo y OHUA-TON para la gallina) y el Pinzón Mexicano (*Haemorhous mexicanus*, MOLO-TL para la especie, CUA-CHICHIL o NŌCH-TŌTŌ-TL para el macho pelirrojo). En varios casos, un solo nombre puede tener dos (o en un caso, tres) sentidos distintos pero relacionados, esto se conoce como polisemia. Un buen ejemplo es CANAUH-TLI, que basado en las diferentes descripciones que tienen los encabezados secuenciales en el *Códice* puede referirse a los patos en general (CANAUH-TLI_1), o a uno o dos "patos prototípicos", estos son muy probablemente el Pato Mexicano (*Anas diazi*, CANAUH-TLI_2), por una parte y el Pato Real (*Cairina moschata*, CANAUH-TLI_3) por otra parte. Asimismo, CUÁUH-TLI_1 nombra águilas y grandes halcones en general o en contexto especifico el Águila Real (*Aquila chrysaetos*, CUÁUH-TLI_2), la cual, también puede llamarse ITZ-CUĀUH-TLI, literalmente, "águila de obsidiana".

Las descripciones en el *Códice* varían desde pocas palabras hasta ensayos extensos que señalan el tipo de ave, su hábitat, distribución, el plumaje que caracteriza a la especie o bien, detalles del desarrollo del plumaje, el comportamiento, sus vocalizaciones y los movimientos estacionales; las descripciones más elaboradas, también pueden describir la percepción y significado de una determinada ave para sus vidas, ya sea para alimento, medicina, materiales, apreciación estética, aspectos ecológicos, así como sus poderes como presagios, augurios y peligros. El nombre o nombres asignados a cada ave también pueden revelar detalles clave que pueden ayudar en el proceso de identificación, los nombres, por lo tanto, pueden tener "fuerza descriptiva" (Hunn & Brown, 2011).

Los nombres binomiales de las aves resaltan contrastes importantes entre especies parecidas, por ejemplo, METZ-CANAUH-TLI, literalmente, "pato de la luna", es la Cerceta Alas Azules (*Spatula discors*), cuyo macho luce un parche facial único en forma de luna creciente blanca, su pariente cercano la Cerceta Canela (*Spatula cyanoptera*) se llama CHIL-CANAUH-TLI, literalmente, "pato rojo". Tales pistas solo pueden insinuar la identidad del ave en la mayoría de los casos. CUAPPACH-HUĪTZIL-IN, literalmente, "colibrí rojizo", es probablemente el Colibrí Canelo (*Amazilia rutila*), mientras que CHALCHI-HUĪTZIL-IN, literalmente, "colibrí turquesa", puede ser el Colibrí Orejas Violetas (*Colibrí thalassinus*), que contrastan en cuanto al color dominante de su plumaje. Sin embargo, dada la diversidad de colibríes mexicanos, estas identificaciones siguen siendo provisionales, pues es muy probable que existan otras alternativas. El búho prototípico, TECOLŌ-TL, es el Búho Cornudo (*Bubo virginianus*), sus profundos ululatos se imitan muy bien por el nombre. Por otra parte, el ZACA-TECOLŌ-TL, literalmente, "búho de hierba", que probablemente es el Búho Cara Blanca y/o el Búho Sabanero (*Asio clamator* y/o *A. flammeus*), que pueden ser comunes en los hábitats de la sabana.

Los intentos de traducir los nombres de las aves del náhuatl al latín y después al español a menudo implican "enigmas que requieren mucha especialización" para conocer datos de la especie como son: el área de distribución, hábitat, tamaño y características del plumaje, pico, patas; y, muy a menudo, las vocalizaciones, que permitan eliminar aquellas especies que pueden ser potenciales, para dejar entonces, un solo candidato con las justificaciones anteriores. En tales casos, podemos concluir que, por ejemplo, TOL-COMOC-TLI es el Avetoro Norteño (*Botaurus lentiginosus*) un residente que se reproduce en los cañaverales del Valle de México y que suena como un tambor de dos tonos, que lo hace inconfundible. Por lo que, una fracción significativa de las aves del *Códice* se identifican con una gran certeza.

En otras ocasiones, podemos eliminar todas las especies excepto dos o tres, que podrían ajustarse a las características, pero una de ellas es más probable en términos de su distribución; este es el caso de TZINITZCAN-TŌTŌ-TL que, Martín del Campo y estoy de acuerdo con él, se refiere a la Coa Mexicana (*Trogon mexicanus*); es probable que los aztecas también conocieran otras dos especies similares la Coa Elegante y la Coa de Collar (*Trogon elegans y Trogon collaris*). Sin embargo, la Coa Mexicana es una especie característica de los bosques de pino y encino de las tierras altas que rodean el Valle de México y, por lo tanto, es más probable que se haya visto con regularidad. En este caso, es razonable suponer que el nombre podría aplicarse a cualquiera de estos tres trogones o a los tres, o a lo que se refiere como un caso de "rango extendido" de una categoría, que quiere decir, dentro de la extensión conceptual de esta categoría.

Finalmente, podemos enfrentarnos a un número considerable de posibilidades, como en el caso de un colibrí que es "resplandeciente", que podría describir docenas de especies de colibríes, o para el cual los detalles registrados son tan incompletos o confusos que solo podemos especular en cuanto a su identidad. TEN-ITZ-TLI es un buen ejemplo, se dice que es un ave nocturna del tamaño de una paloma que persigue hormigas voladoras y que tiene tres picos y dos lenguas.

No conozco a ningún ave que se ajuste a esa descripción, pero, teniendo en cuenta la probabilidad de que rara vez se puede observar un pájaro así, podría haber sido un Charrán Negro (*Chlidonias niger*), una posibilidad no del todo irreal, aunque no tiene tres picos (ni ningún ave los tiene). Califiqué a tales características como "posibles" o que, "quizá sea posible" para el ave en mención.

Las aves descifradas del *Códice Florentino*

He analizado a cada ave nombrada en el *Códice* tratando de seguir el orden original, cada párrafo se abre con una versión canónica del nombre escrito en mayúsculas, que ha sido modificada para reflejar la mejor representación ortográfica disponible, incluida la marcación de las vocales largas o cortas. Estas formas canónicas coinciden en la medida de lo posible con las formas enumeradas alfabéticamente por Karttunen en su *Diccionario analítico del náhuatl* (1983) y como se representa en el *Diccionario Náhuatl en Línea* (Wood, 2000–2022). Si el nombre tiene una lectura transparente, entonces sugiero su sentido literal, se mencionará cuando exista un nombre onomatopéyico, es decir, si el nombre imita una vocalización característica. A continuación, indico la identidad del ave o aves nombradas, primero con su nombre en español basado en avesmx http://avesmx.conabio.gob.mx/ que actualmente es lo más aceptado, precedido por "quizás" o "posiblemente" si la identificación es incierta; el nombre científico escrito en latín aparece entre paréntesis. Posteriormente, en cursivas y entre comillas cito las selecciones de la traducción al inglés y ahora al español del texto náhuatl del *Códice Florentino* (Dibble y Anderson, 1963).[1] Indico también, la fuente de la página donde aparece en el *Códice Florentino* como (CF, p. xy). Adjunto mis aclaraciones editoriales entre corchetes angulares < > para distinguirlas de las aclaraciones de los editores del *Códice* que se representan entre corchetes [ ]. Finalmente, hago una revisión de todas las evidencias para confirmar una u otra identificación del ave, más la adición de algunos comentarios.

"Primer Párrafo," Aves de Rico Plumaje

Comenzamos con el "Primer Párrafo, que habla de las muchas clases de aves, de cualquier clase" (CF, p. 19). Sin embargo, las 13 aves aquí nombradas parecen compartir un lugar especial en virtud de su altamente valorado y colorido plumaje. Esto es explícito en la versión en español de la *Historia General de las Cosas de Nueva España* (García Quintana & López Austin, 1988): <"*Párrafo primero*, de las aves de pluma rica"> (Garcia Quintana & Lopez Austin, 1988, p. 690). La mayoría de estas aves no son originarias del Valle de México, pero tanto las aves vivas como sus plumas fueron obtenidas tanto del comercio profesional de los *pochtecas*,

1 La School of American Research otorgó permiso para usar las traducciones al inglés del texto original en náhuatl. Estas traducciones se citan de Fray Bernardino de Sahagún en C.E. Dibble & A.J.O. Anderson 1963. Copyright 1981. Todos los derechos reservados.

o como un tributo de los estados de alrededor para ser procesados en el arte plumario de los *amanteca*, especialmente para las ricas capas y tocados privilegiados que usaba la élite azteca.

QUETZAL-TŌTŌ-TL, literalmente, "pájaro-quetzal", Quetzal Mesoamericano (*Pharomachrus mocinno*) (Figuras 8 y 9):

> Su pico es puntiagudo, amarillo; sus patas amarillas. Tiene una cresta, alas, una cola. Es de tamaño mediano, igual que el zanate picofino.... En [la cola], las plumas que crecen en ella se llaman *quetzallí*. Los que están en su cola son verdes, verde hierba, muy verde, verde fresco, color turquesa. Son como cañas anchas: las que relucen, las que se doblan.... Este pájaro tiene cresta; de espinas de quetzal, de plumas de hilo de quetzal es su cresta, muy resplandeciente, muy reluciente. Se les llama *tzinitzcan*.... Alrededor de su cuello, su garganta y su pecho, [las plumas] son rojizas.... Rojo chile, resplandeciente, maravilloso, precioso. El nombre de las plumas es *tzinitzcan*.... El lugar de cría de estas aves es [la provincia de] Tecolotlán <literalmente, "Tierra de los Búhos">; y en los árboles hacen sus casas y crían a sus hijos (CF, pp. 19–20).

Figures 8 y 9. QUETZAL-TŌTŌ-TL, Quetzal Mesoamericano (ML433742111/121, fotos by Heber David Díaz Gutiérrez del Macauley Library).

Esta es la primera ave nombrada en el *Códice*, la cual es inconfundible por sus brillantes penachos esmeralda que fueron tributados a las dependencias aztecas al sur del istmo de Tehuantepec en lo que, ahora es el estado de Chiapas y la vecina Guatemala, es decir, "la provincia de Tecolotlán". "*Quetzal*" nombra las ricas plumas en lugar del pájaro. El tocado real del emperador Moteuczoma Xocoyotzin, que conoció al conquistador Cortés en la capital azteca en 1519, lucía un amplio abanico de unas 400 plumas de cola de quetzal ("Penacho de Moteuczoma", conservado en el Kunsthistorisches Museum, Wien). Estas preciosas plumas también se llaman *tzinitzcan*, homónimo de la siguiente ave a tratar.

TZINITZCAN-TŌTŌ-TL, literalmente "pájaro-*Tzinitzcán*" / TEŌ-TZINITZCAN, literalmente, "plumaje sagrado *tzinitzcan*", la Coa Mexicana (*Trogon mexicanus*) (Figura 10): "Sus plumas son negras, oscuras. Y por eso se llama *teotzinitzcan:* en el pecho y en la parte inferior del ala es multicolor, mitad negro, mitad verde. Es verde brillante, resplandeciente" (CF, p. 20). Como se señaló para el quetzal, las plumas llamadas *tzinitzcan* pueden ser verdes o rojas, pero, en cualquier caso, son "resplandecientes". Martín del Campo identificó a esta ave como cualquier otra de las tres especies de trogones de vientre rojo del centro de México (cada una de las cuales es similar a la descripción del quetzal), pero muy probablemente se ajustó a la Coa Mexicana, las otras posibilidades son la Coa Elegante (*Trogon elegans*) y la Coa de Collar (*Trogon collaris*). Con distinta distribución que la Coa Mexicana de los

Figura 10. TZINITZCAN-TŌTŌ-TL, Coa Mexicana (ML461204061, foto de Gabriel Cordon, de la Macauley Library).

bosques de pino y roble de mayor altitud que rodea el Valle de México, pero probablemente se incluyeron dentro de la extensión conceptual de esta categoría. Hay un elemento desconcertante de la descripción del *Códice* de TZINITZCAN-TŌTŌ-TL, comienza afirmando que "vive en el agua", sospecho que se trata de un error introducido en el escrito original, ya que ninguna Coa o Trogón están especialmente asociados con el agua y, desde luego, la Coa Mexicana es la menos probable.

TLĀUH-QUECHŌL/TEŌ-QUECHŌL, Espátula Rosada (*Platalea ajaja*) (Figura 11): "También su nombre es *teoquechol*, es un ave acuática como el pato: de patas anchas, de patas rojas.... Es de pico ancho; su pico es como una espátula.... [Su] plumaje se vuelve pálido, rosado, rojo chile, bien organizado" (CF, p. 20). Se incluye aquí y no, en el tercer párrafo dedicado a las aves acuáticas, sin duda, debido a su valioso y particular plumaje de color rosa. El modificador TLĀUH- indica luz de fuego y ocre rojo (Karttunen, 1983, p. 270); TEŌ- significa "sagrado". Karttunen (1983, p. 206) señala que "QUECHŌL no se refiere al color del ave sino, aparentemente al característico movimiento de su cuello en el agua que va de un lado a otro, simulando barrer la superficie <cuando se alimenta>" y solo hay dos posibilidades, la Espátula Rosada y el Flamenco Americano (*Phoenicopterus ruber*). La Espátula es la que mejor se ajusta por su distribución a lo largo de ambas costas mexicanas, mientras que el Flamenco está restringido al litoral caribeño de la península de Yucatán. Las coloridas plumas de espátula eran como las del quetzal, un preciado tributo de las provincias costeras.

Otras dos aves nombradas en este "Primer Párrafo" comparten el término genérico: QUECHŌL, XIUH- QUECHŌL y XIUH-PAL-QUECHŌL, lo más probable es que ambas sean momotos (Momotidae). Martín del Campo identificó el primero como Momoto Corona Negra (*Momotus lessonii*) y el segundo como el Momoto de Cejas Azules (*Eumomota superciliosa*), como se señaló anteriormente, Karttunen afirmó que "QUECHŌL no se refiere al color del ave, sino aparentemente al movimiento de barrido característico de su cuello <cuando se

Figura 11. TLĀUH-QUECHŌL, la Espátula Rosada (Dibble & Anderson, 1963, Figura 44, según Paso y Troncoso).

alimenta>". Es probable que esto también sea relevante para los momotos, ya que característicamente "mueven la cola de un lado a otro" (Howell & Webb, 1995, p. 437). Las descripciones del *Códice* no mencionan esto, que a mi juicio es quizás la característica más distintiva de los momotos, sus "colas de raqueta", que mueven de un lado a otro simulando el péndulo de un reloj. Coincido con las identificaciones de Martín del Campo por su colorido plumaje, lo que sin duda llamó la atención de los observadores aztecas, convirtiéndose en obsesionados por la belleza de las plumas "resplandecientes", en particular los tonos de azul y verde brillante.

XIUH-QUECHŌL > XIHU(I)-TL, "hierba o piedra verde, turquesa", Momoto Corona Negra (*Momotus lessonii*): Los detalles mencionados en el *Códice* son pocos solo se menciona: "Sus plumas son verde hierba; sus alas y cola son azules, viven en el Anáhuac" (CF, p. 20). Los editores españoles de la *Historia General* especificaron que el Anáhuac se encuentra al este de [el Valle de] México hacia el Mar del Sur (García Quintana & López Austin, 1988, p. 691). El Momoto Corona Negra es común en los bosques del centro de México del lado de la vertiente del Atlántico.

XIHUA-PAL-QUECHŌL posiblemente > XIUH-PAL- "Por el significado de turquesa" / TZIUH-TLI, Momoto Cejas Azules (*Eumomota superciliosa*) (Figura 12): "Su nombre tam-

Figura 12. XIHUA-PAL-QUECHŌL, Momoto Cejas Azules (ML434528501, foto de William Saborio Vega de la Macaulay Library).

bién es *tziuhtli.* El pico es largo, las patas son negras su cabeza, su espalda sus alas y su cola son de color azul claro, su vientre y su ala curveada es color café rojizo." El Momoto Cejas Azules está restringido a la península de Yucatán y la costa de Chiapas, es la única especie de "vientre café rojizo" y, a pesar de su distribución más limitada, es común en el límite oriente del "Anáhuac", tal como se define en la *Historia General.*

Tres especies de este párrafo comparten la categoría genérica CUAN. ZA-CUAN, la Oropéndola de Moctezuma (*Psarocolius montezuma*), y otros dos pájaros distintos, ambos llamados AYO-CUAN. AYO-CUAN$_1$ aparentemente se trata del Cacique Mexicano (*Cassiculus melanicterus*), pariente de la Oropéndola antes mencionada, mientras que AYO-CUAN$_2$ es un ave de agua. Considero se trata de la Jacana Norteña (*Jacana spinosa*), no ha sido posible analizar estos nombres, aunque el hecho de que estén listados en el orden del *Códice* sugiere alguna relación semántica común.

ZA-CUAN, la Oropéndola de Moctezuma (*Psarocolius montezuma*) (Figura 13):

> Su pico es puntiagudo;... En todas partes [sobre el cuerpo] sus plumas son café rojizas. Y por eso se llama *çaquan;* su cola es amarilla, muy amarilla, amarillo intenso,... pero hay [plumas] negras que la cubren. Cuando extiende la cola, se ve el amarillo (CF, pp. 20–21).

Figura 13. ZA-CUAN, Oropéndola de Moctezuma (ML435008871, foto de Carolien Hoek de la Macaulay Library).

El relato incluye una nota desconcertante que dice: "las plumas sobre su nariz son de color rojo chile" (CF, p. 20), en las ilustraciones de la guía de Howell y Webb (1995, Lámina 65.10). No hay evidencia de tal plumaje. Sin embargo, no hay duda acerca de esta identificación. Una segunda especie de Zacua es la Oropéndola Cabeza Castaña (*Psarocolius wagleri*) que podría incluirse dentro de la distribución de ZA-CUAN, ya que es bastante similar a la Oropéndola de Moctezuma, aunque su distribución es más sureña.

AYO-CUAN$_1$, Cacique Mexicano (*Cassiculus melanicterus*) (Figura 14):

> Es un habitante de la selva… [en la provincia de] Cuextlán y en Michoacán <al oeste del Valle de México hacia el Océano Pacífico> …. El pico es puntiagudo, negro; en todas partes [sobre el cuerpo] sus plumas son negras, pero su cola es blanca mezclada <sic> [y negro], por lo que se llama *ayoquan* (CF, p. 21).

Esto sugiere que ZA-CUAN y AYO-CUAN se refieren, respectivamente, al color del plumaje corporal de estas dos especies que es predominantemente "café-rojizo" y "negro", respectivamente. Cabe señalar que la cola del Cacique Mexicano es una mezcla de amarillo y negro, no de blanco y negro como se indica en el *Códice*. Sin embargo, como argumentó Martín del Campo, dados los demás detalles, no hay otra posible especie.

Figure 14. AYO-CUAN$_1$, Cacique Mexicano (ML432006541, foto de Suzanne Roberts de la Macaulay Library).

AYO-CUAN$_2$, posiblemente la Jacana Norteña (*Jacana spinosa*) (Figura 15):

> Es un ave de agua. Así vive: acompañándolo van todas las aves acuáticas.... Es de pico amarillo, verde de la curvatura de las alas; sus plumas de vuelo, su cola están [como si] disparadas con piedras de espejo.... En todas partes [sobre su cuerpo] sus plumas son rojizas (CF, p. 21).

Martín del Campo sugirió que se podría tratar de la Garza Agami (*Agamia agami*); sin embargo, esa garza es bastante rara y solitaria y está restringida a las tierras bajas del Atlántico, y tampoco tiene pico amarillo. Aunque AYO-CUAN$_2$ difiere radicalmente de AYO-CUAN$_1$ en su forma y en hábitat, tiene un parecido sorprendente, aunque superficial, con la Oropéndola Cabeza Castaña como con el Cacique Mexicano. Su cuerpo es negro, lo que contrasta con un dorso "café-rojizo", pico amarillo y plumas al vuelo color verde-amarillento; el *Códice* menciona: "verdes en la curva del ala" (CF, p. 21). Las tres son aves llamativas que se espera destaquen "entre la gran diversidad de aves", como fue para los aztecas y como lo es, para nosotros.

Figure 15. AYO-CUAN$_2$, Jacana Norteña (ML435268441, foto de Michael Carmody de la Macaulay Library).

A continuación, se mencionan cuatro especies que comparten la categoría nominal TŌ-TŌ-TL "pájaro", el mielero y el picogrueso son pequeñas aves del bosque con colores vivos. Sus descripciones son muy limitadas; por lo que, no se puede estar seguro de su identificación, dado que las aves coloridas de los bosques no son poco comunes en el centro de México, aunque no veo razón para discutir las acertadas identificaciones de Martín del Campo. La Cotinga Azuleja y el Cuclillo Canelo son bastante distintivos y, por lo tanto, se pueden identificar con facilidad; ambas contribuyeron con plumas para el penacho majestuoso del emperador Mocteuczoma (Figura 6 arriba, del Kunsthistorisches Museum, Wien).

CHALCHIUH-TŌTŌ-TL, literalmente, "pájaro de jade", probablemente el Mielero Patas Rojas (*Cyanerpes cyaneus*): "Es un habitante del bosque; pequeño con pico puntiagudo y pequeño; su cabeza y cola son de color verde hierba, ... Y la parte inferior de sus alas y todo su cuerpo son de color azul claro, ... color de turquesa fina" (CF, p. 21). Esta descripción puede confundir al macho azul con la hembra verde de esta especie (cf. Martín del Campo, 1940, p. 389).

XIUH-TŌTŌ-TL, literalmente, "pájaro turquesa", por consenso, la Cotinga Azuleja (*Cotinga amabilis*) (Figura 16): "Es habitante del Anáhuac, ... Su pecho es morado, su espalda de un azul muy claro" (CF, p. 21). La Cotinga Azuleja muestra el exclusivo esquema de color azul claro y morado oscuro descrito. La *Historia General* da cuenta de esta especie de la siguiente manera:

> Esta ave se caza en el mes de Octubre, cuando estan maduras las ciruelas. Entonces las matan con cebretanas en los árboles. Y cuando caye a tierra, arrancan alguna hierba para que tomándola no llegue la mano a las plumas, porque <si se tocan las plumas> dicen pierde la color <sic>. (García Quintana & López Austin, 1988, p. 692).

Figura 16. XIUH-TŌTŌ-TL, Cotinga Azuleja (ML435428891, foto de William Saborio Vega de la Macaulay Library).

ĒLŌ-TŌTŌ-TL, literalmente, "pájaro de maíz verde", posiblemente el Picogordo Azul (*Passerina caerulea*): "Sus alas y su pico son de colores apagados. Es [el color de] la linda cotinga—azul claro. Parece de color apagado y se vuelve apagado" (CF, p. 22). Este es uno de los pájaros pequeños diferentes y predominantemente azules. Sin embargo, es un residente común en las tierras altas del centro de México, mientras que las otras especies tienden a tener áreas de distribución más restringidas o son migratorias. Este Picogordo también tiene alas oscuras con barras marrones y un pico gris, que se ajusta bien a la descripción.

CUAPPACH-TŌTŌ-TL, literalmente, "pájaro café-rojizo", el Cuclillo Canela (*Piaya cayana*) (Figura 17): "Es rojizo: ahumado, uniforme, bien texturizado.... es ahumado" (CF, p. 22). Sus plumas han sido identificadas como elemento decorativo en el tocado real del emperador Mocteuczoma (Figura 6 arriba, del Kunsthistorisches Museum, Wien).

Figura 17. CUAPPACH-TŌTŌ-TL, Cuclillo Canela (ML431536351, foto de Julien Amsellem de la Macaulay Library).

Completando la lista en el Primer Párrafo está el tucán:

XOCHI-TENACAL, literalmente, "pico de flor", prototípicamente el Tucán Pico Canoa (*Ramphastos sulfuratus*) (Figura 18), aunque quizás se amplió para incluir al Tucancillo Verde (*Aulacorhynchus prasinus*), como sugirió Martín del Campo, aunque hay un detalle mencionado en el relato náhuatl que definitivamente afianza mi identificación: "tiene marcas [en su pico] como de rasguños de gavilán" (CF, p. 22). Ese es un detalle distintivo del Tucán Pico Canoa (Howell & Webb, 1995, Lámina 34.1). La descripción de la forma del pico como "cóncava" es una mala traducción, ya que obviamente es convexa. El término náhuatl en cuestión es "*tenacaltico*" (TEN-ĀCAL-TIC), que se traduce con mayor precisión como "pico en forma de canoa", cf. ĀCAL-LI "canoa" (Karttunen, 1983, p. 1). Una segunda nota que causa confusión en la descripción del *Códice* es la siguiente afirmación: "tiene a sus crías en los árboles. Simplemente construye un nido en forma de bolsa para sus crías [y] las suspende" (CF, p. 22). Parece que los escribas aztecas confundieron aquí los nidos de Oropéndolas y Caciques con los del tucán, ya que el tucán, por el contrario, anida "en cavidades de árboles sin revestimiento" (Howell & Webb, 1995, p. 447).

Figura 18. XOCHI-TENACAL, Tucán Pico Canoa (ML435008281, foto de Carolien Hoek de la Macaulay Library).

"Segundo Párrafo," Loros, Colibríes y Otros

El Segundo Párrafo enumera cinco especies de la familia de los loros (Psittacidae), 11 variedades de colibríes (Trochilidae), un rascón (Rallidae), dos tinamúes (Tinamidae), más un ave de identidad incierta que "la gente de allí <"en la provincia de Teotlixco, hacia la mar del sur"> dice lo siguiente: cuando morimos, nuestro corazón se convierte en [estas aves]" (CF, p. 25). El desafío aquí es determinar cómo los nombres náhuatl se asignan a una gran cantidad de especies locales, incluidos 19 psitácidos, 55 especies residentes de colibríes (más seis visitantes de invierno) y cuatro tinamúes. No todas tienen la misma probabilidad, pero es posible ofrecer conjeturas objetivas en varios de los casos, pero no en todos, como se verá a continuación.

TOZ-TLI, el lugar de honor entre los loros lo ocupa el Loro Cabeza Amarilla (*Amazona oratrix*):

> Tiene pico amarillo, curvo, como el del [COCHO]; la cabeza tiene cresta. Su criadero es especialmente [la provincia de] Cuextlán .... Cuando el joven <de este loro> [TOZ-NENE] de cabeza amarilla ya está desarrollada, se vuelve amarilla, ... Desarrolla plumas vellosas. Cuando está completamente emplumado, entonces se llama *toztli* <TOZ-TLI, cf. TOZQUI-TL "garganta, voz" (Karttunen, 1983, p. 249)> (CF, pp. 22–23).

Las crías son capturadas y criadas como mascotas, son admiradas por su gran "habilidad de aprendizaje" y su calidad vocal, así como, sin duda, por su brillante plumaje verde y amarillo, estas plumas se conocen específicamente como *xollotl*.

Se nombran otros dos loros del género *Amazona*, de los cuales cinco pueden ser los más familiares para los aztecas.

COCHO, se refiere muy probablemente al Loro Frente Blanca (*A. albifrons*) (Figura 19):

> Se parece a [TOZ-NENE]. Tiene un pico amarillo curvo; es crestado. En todas partes [sobre su cuerpo] sus plumas son de color verde oscuro; sus coberteras son de color rojo oscuro [y] amarillo oscuro. Sus plumas nombradas *xollotl*, las pequeñas plumas de su cola [y] su ala, son rojizas. Es un cantor, un cantor constante, un hablador, un locutor, un mimo, un contestador, un imitador, un repetidor de palabras. Repite las palabras, lo imita, canta, ... parlotea, habla (CF, p. 23).

Figura 19. COCHO, Loro Frente Blanca (ML464384391, foto de Margaret Barrow-Smith de la Macaulay Library).

Este énfasis en el valor del "habla" es característico de los aztecas, nótese que el título del emperador era TLAHTOĀNI, cf. TLAHTOĀ "hablar, emitir proclamas y órdenes, que los pájaros parloteen" (Karttunen, 1983, p. 266).

TLALACUEZA-LI, probablemente el Loro Tamaulipeco (*A. viridigenalis*) (Figura 20): "un habitante del bosque,... [con] cabeza rojo chile, curvatura de las alas marrón púrpura, pecho amarillo oscuro" (CF, pp. 23- 24). El Loro Tamaulipeco es el único loro del centro de México con una corona roja prominente, por lo que esta ecuación es la más probable; tres especies adicionales del género *Amazona,* podrían estar incluidas dentro de la extensión conceptual de esta categoría o de COCHO, el Loro Corona Lila (*A. finschi*), el Loro Cachetes Amarillos (*A. autumnalis*) y el Loro Corona Azul (*A. farinosa*).

Figura 20. TLALACUEZA-LI, Loro Tamaulipeco (ML434035091, foto de Kris Janicki de la Macaulay Library).

QUILI-TON/ QUILI-TZIN, probablemente onomatopéyico con terminación en diminutivo, muy probablemente el Perico Frente Naranja (*Eupsittula canicularis*): "Se parece a <TOZ-NENE> y <COCHO>. Es pequeño, diminuto; la cabeza pequeña es de color rojo chile. En todas partes [el cuerpo es] verde hierba, verde oscuro .... Su alimento es el maíz .... le doy de comer granos de maíz seco" (CF, p. 23). Es discutible, ¿Cuál de los varios pericos de México Central es la especie más probable?, pues en el *Códice* la descripción es muy general; hay dos especies del género *Eupsittula* -antes *Psitticara*-, uno residente en las tierras bajas del Pacífico, el perico Perico Frente Naranja (*E. canicularis*) y el otro del lado del Atlántico, el Perico Pecho Sucio (*E. nana*) [previamente *Psitticara*] *astec*). Ninguno muestra una "cabeza de color rojo chile", aunque el Perico Frente Naranja destella naranja en la frente, por lo que podría ser el candidato más probable. Otros periquitos de diferentes géneros (*Psitticara, Forpus, Brotogeris, Bolborhynchus*) son menos probables, y ninguno tiene una corona roja, aunque todos y cada uno podrían estar incluidos dentro de la extensión conceptual de esta categoría. En este caso, una autoridad votó por el Periquito Catarino (*Forpus cyanopygius*) del tamaño de un gorrión de las tierras bajas del Pacífico; sin embargo, la descripción sugiere más bien un ave más robusta.

ALO, Guacamaya Roja (*Ara macao*) (Figura 21):

> Vive especialmente en [la provincia de] Cuextlán <es decir, costa de Veracruz>, en peñascos y en la selva espesa. Es domesticable .... Rojo llameante son sus ojos; amarillos son su pecho y vientre .... Su cola, sus [plumas] del ala son rojizas, rojizas .... Ellos [estas plumas] se llaman *cuechalín,* literalmente, 'lengua de fuego'. Las coberteras del ala y la cola son azules, volviéndose rojizas, rojizas, rojizas brillantes, anaranjadas (CF, p. 23).

Figura 21. ALO, Guacamaya Roja (ML434733041, foto de Janet Stevens de la Macaulay Library).

Las Guacamayas Rojas eran altamente valoradas en toda Mesoamérica, incluso siglos antes de la ascendencia azteca, existía un comercio muy activo para mantener sus plumas que llegaba desde el norte tanto, que actualmente comprende el suroeste de los Estados Unidos (Minnis et al., 1993).

CUAUH ALO, literalmente "guacamayo del bosque" o Guacamaya Verde (*Ara militaris*), "*quauh alo. papagayo grande y verde,*" <"un gran loro verde"> (Molina, 1571, f. 86r. col. 2): no mencionado en el *Códice* pero está anotado en el diccionario náhuatl del 16to-siglo de Fray Alonso de Molina.

Los colibríes se conocían de diversas formas como:

HUĪTZIL-IN/HUĪTZITZIL-IN/HUITZACA-TZIN/HUĪTZTZĪTZI-QUI, todos onomatopéyicas, todos imitando el zumbido de estas diminutas aves en vuelo, con varios sufijos diminutivos que se fueron agregando para enfatizar su tamaño pequeño, los colibríes se clasifican en su propia familia (Trochilidae) (Figura 22): "El pico es ... delgado, pequeño y puntiagudo, como una aguja .... Su alimento es la miel de flores, néctar de flores. Es un zumbido, activo [en vuelo] .... Vuela, se lanza, gorjea" (CF, p. 24).

Los escribas aztecas estuvieron atentos a la diversidad de especies y plumajes dentro de esta gran familia de aves, nombrando 11 variedades, 10 de ellas se nombran de manera binomial, con el término genérico HUĪTZIL-IN que fue modificado de varias formas. Martín del Campo intentó identificar varias especies de colibríes, pero sus sugerencias, desde mi punto de vista, son conjeturas a menudo equivocadas. Es importante tener en cuenta que los plu-

Figura 22. HUĪTZITZI-LI, colibríes (Dibble & Anderson, 1963, Figura 61, después de Paso y Troncoso).

majes de machos y hembras de una especie a menudo varían drásticamente y que los jóvenes cuando tienen un año de vida, pueden parecerse al plumaje típico de las hembras, es decir indescriptibles. Esto es cierto, particularmente para las especies que se reproducen en el norte y son visitantes migratorias del invierno en México tales como: el Colibrí Garganta Rubí (*Archilochus colubris*), Colibrí Barba Negra (*A. alexandri*), Zumbador canelo (*Selasphorus rufus*), Zumbador de Allen (*S. sasin*), Zumbador Garganta Rayada (*S. calliope*) y Colibrí Cabeza Violeta (*Calypte costae*). Por esta razón, soy escéptico de las identificaciones de varios de los colibríes aztecas de Martín del Campo, especialmente cuando se trata de especies migratorias, tales como: el Colibrí Cabeza Violeta (XI-HUĪTZITZIL-IN), el Zumbador de Allen (TLE-HUĪTZIL-IN), y el Colibrí Garganta Rubí (TOZCATLE-TON).

Los aztecas notaron que estas aves disminuían estacionalmente en lugares con mayor altitud, ya que dependen del néctar y los insectos, atribuyendo esto a su "hibernación", pensaban que se colgaban de sus picos en los árboles, mudando sus plumas, para revivir con el inicio de las lluvias; al parecer, confundieron la crisálida de una mariposa o polilla con un colibrí en hibernación. La actividad máxima de los colibríes en las tierras con mayor altitud es cerca del final de las lluvias en el otoño, cuando las flores son más abundantes.

Las siguientes son las "especies" de colibríes enumeradas en el *Códice* las cuales, normalmente contienen descripciones muy breves:

QUETZAL-HUĪTZIL-IN, literalmente, "colibrí quetzal", quizás el Colibrí Multicolor (*Lamprolaima rhami*): "Su garganta es de color rojo chile, la curvatura de sus alas es rojiza. Su pecho es verde. Sus alas y su cola [plumas] parecen plumas de quetzal" (CF, p. 24). Martín del Campo sugirió el Zumbador de Cola Ancha (*Selasphorus platycercus*), el cual, se ajuste decentemente y se trata de un residente común en las tierras altas del centro de México; sin embargo, el Colibrí Multicolor, también es un residente común de las tierras con mayor altitud y encaja mejor, con su gorguera granate y sus alas rojizas brillantes por lo que, esta es mi elección.

XI-HUĪTZITZIL-IN, literalmente, "colibrí turquesa", quizás el Colibrí Pico Ancho Norteño (*Cynanthus latirostris*): "Es completamente azul claro como una cotinga <es decir, XIUH-TŌTŌ-TL>, pálido como turquesa fina. Es resplandeciente como... fina turquesa" (CF, p. 24). Ciertamente no se trata del Colibrí Cabeza Violeta (*Calypte costae*) como fue la sugerencia hecha por Martín del Campo, ya que el Colibrí Cabeza Violeta no es "completamente azul claro", y mucho menos en invierno cuando es visitante del noroeste de México. El Colibrí Pico Ancho Norteño se ajusta mejor con los detalles de la descripción y es un residente común en las tierras de mayor altitud en la parte central de México.

CHALCHI-HUĪTZIL-IN, literalmente, "colibrí de jade", posiblemente el Colibrí Orejas Violetas (*Colibri thalassinus*): "Es verde claro; un tono turquesa; hierba verde" Martín del Campo sugirió al Colibrí Pico Ancho Norteño (ver arriba), sin embargo, hay varias especies comunes de las tierras altas del centro de México que coinciden con esta descripción y por eso me inclino más, por el Colibrí Orejas Violetas, un residente común y conspicuo.

YAUHTIC HUĪTZIL-IN, literalmente, "colibrí oscuro", una especie de colibrí (Trochilidae): "El Yiauhtic uitzilin es verde oscuro" (CF, p. 24). Que bien, podría referirse a cualquier cantidad de especies de colibríes del centro de México, por lo que una suposición objetiva parece injustificada.

TLAPAL-HUĪTZIL-IN, literalmente, "colibrí teñido de rojo", probablemente el Zumbador Canelo (*Selasphorus rufus*): "es rojo y negro" (CF, p. 24). Martín del Campo y yo, estamos de acuerdo en que se trata muy probablemente del Zumbador Canelo, aunque se debe considerar que esa especie es un migratorio de invierno y puede carecer de la coloración brillante del macho adulto en esa temporada.

AYOPAL-HUĪTZIL-IN, literalmente, "colibrí morado", quizás el Colibrí Corona Violeta (*Ramosomyia violiceps*): "es marrón claro, el color de *tunas* <frutos de nopal, que pueden ser bastante coloridos>" (CF, p. 24). Martín del Campo, sugirió al Zumbador Garganta Rayada (*Selasphorus calliope*), ciertamente no se trata de esta, pues esta especie es migratoria de invierno del noroeste de México y la mayoría de estas especies carecen de ornamentación distintiva. Muchas especies residentes de las tierras altas se adaptan mejor a la descripción, como, para sugerir solo el ejemplo del Colibrí Corona Violeta que es de color marrón grisáceo en la parte de la espalda con corona violeta.

TLE-HUĪTZIL-IN, se trata de algunas especies de colibríes (Trochilidae): "sus plumas son brillantes, resplandecientes" (CF, p. 25). Ciertamente no se trata del Zumbador de Allen, *Selasphorus sasin* que fue la elección de Martín del Campo, esa especie es migratoria en invierno y es prácticamente indistinguible en esa temporada de otros colibríes rufos, más abundantes que invernan. La descripción podría coincidir con cualquiera otra especie residente de las tierras altas del centro de México.

CUAPPACH-HUĪTZIL-IN, literalmente, "colibrí café rojizo", probablemente el Colibrí Canelo (*Amazilia rutila*): "es ahumado, amarillo oscuro, café rojizo" (CF, p. 25). Martín del Campo sugirió el Colibrí Canelo, aunque está restringido a la vertiente del Pacífico, donde es común todo el año y tiene un llamativo color canela, así que estoy de acuerdo con él.

ECA-HUĪTZIL-IN, literalmente, "colibrí del dios del viento", el Colibrí Picudo Occidental (*Heliomaster constantii*) y el Colibrí Orejas Blancas (*Basilinna leucotis*) (Figuras 23 y 24):

> Es pequeño y largo. Algunos son cenizos, otros negras. Los cenizos tienen una raya negra que atraviesa los ojos. Así están pintados. Y los negros están pintadas en la cara con blanco; tienen rayas sobre los ojos con una pintura de viento <una referencia al dios del viento, típicamente ilustrado con esta distintiva "cara pintada (ver Figura 36)> (CF, p. 25).

Figuras 23 y 24. ECA-HUITZITZI-LI, Colibrí Orejas Blancas (izquierda, ML432136931, foto de Esteban Matias de la Macaulay Library) y el Colibrí Picudo Occidental (derecha, ML429101601, foto de Yann Muzika de la Macaulay Library).

En esta descripción, hay claramente dos especies involucradas, Martín del Campo optó por el Colibrí Picudo Occidental, que encaja muy bien con el "cenizo". El "negro" es probablemente el Colibrí Orejas Blancas, un residente común y conspicuo de las tierras altas.

TELOLO-HUĪTZIL-IN, una o más especies de colibrí (Trochilidae): "Es pequeño y redondo, pequeño y cenizo, pequeño y gredoso" (CF, p. 25). Esto podría referirse a hembras de varias especies.

Finalmente, una especie más de colibrí, esta con un nombre propio:

TOTOZCATLE-TON/TOZCATLE-TON, literalmente, "pequeño colibrí loro", posiblemente el Zumbador Cola Ancha (*Selasphorus platycercus*) o el Colibrí Lucifer (*Calothorax lucifer*): "Es ceniciento, de color ceniza. En la parte superior de la cabeza y la garganta, sus plumas son llameantes como el fuego. Brillan, resplandecen" (CF, p. 25) Martín del Campo sugirió el Colibrí Garganta Rubí (*Archilochus colubris*), pero eso es poco probable, ya que esta especie es migrante de invierno, que puede ser común en las tierras altas durante esa temporada y está representado en su gran mayoría por hembras y otras aves indescriptibles del año. El

Zumbador Cola Ancha muestra un gorjal rojo brillante y es un residente común de las tierras altas en la zona central de México, por lo tanto, es una mejor opción, aunque el Colibrí Lucifer podría encajar muy bien también.

Después de los colibríes hay cuatro pájaros más, aunque no me queda claro por qué pertenecen a los loros y los colibríes:

YOLLO-TŌTŌ-TL, literalmente, "pájaro del corazón", probablemente el mosquero Cabezón Degollado (*Pachyramphus aglaiae*) (Figura 25):

> vive allá en [la provincia de] Teotlixco, hacia el mar del sur <la vertiente del Pacífico de Chiapas>. Es bastante pequeña, igual que una codorniz. En cuanto a que se llame *yollototl,* la gente de allá dice así: que cuando morimos, nuestro corazón se convierte en [estos pájaros]. Y cuando habla, cuando canta, hace su voz suplicante; en efecto, alegra el corazón, lo consuela (CF, p. 25).

Figura 25. YOLLO-TŌTŌ-TL, Cabezón Degollado (pintura de Andrew Jackson Grayson en Miller et al., 1957, siguiente p. 62, con permiso de la American Ornithological Society).

Martín del Campo sugirió que podría tratarse del Picogordo Degollado (*Pheucticus ludovicianus*) por el marcado parche rosado brillante de la garganta [del macho adulto] y su arte vocal. Sin embargo, como señaló Martín del Campo, este Picogordo es una especie migratoria de invierno de México. Por lo que, en esa época del año carece del colorido plumaje del macho adulto y rara vez emite su canto. Creo que deberíamos mirar más bien a una especie residente del bosque tropical con una garganta de color similar, por eso el Cabezón Degollado parece el candidato más probable.

PŌPOCALES, nombre onomatopéyico del Rascón Nuca Canela (*Aramidas albiventris*) (Figura 26):

> En cuanto a que se llame *popocales*, habla así. Siempre en el crepúsculo y en la madrugada, dice *popocales*.... vive allá en [las provincias de] Toztlán [y] Catemahco.... Es del tamaño de un pato, solo que un poco más alto.... Su pico es puntiagudo,... rojo chile. Sus ojos son de color rojo chile. Su cabeza es de color amarillo oscuro. Su cuello, su espalda, su pecho, su cola son de ceniza.... Las piernas son de color rojo chile (CF, p. 25–26).

Martín del Campo sugirió que podría tratarse de una especie de rascón (Rallidae). De hecho, la descripción, el hábitat y el rango se ajustan al Rascón Nuca Canela (*Aramides albiventris*) (cf. clip de sonido de Jessy Lopez Herra, ML435824171 de la Macaulay Library).

Figura 26. PŌPOCALES, Rascón Nuca Canela, (ML435107391, foto de Alex Lamoreaux de la Macaulay Library).

Dos últimas especies enumeradas en el este párrafo son nombradas también por sus vocalizaciones, ambas son "comestibles", probablemente se cazaban para consumo de su carne. Martín del Campo tampoco intentó identificarlas, sin embargo, creo que en ambos casos se trata de tinamúes.

TECUZIL-TŌTŌ-TL es probablemente el Tinamú Canelo (*Crypturellus cinnamomeous*).

> Se llama así [porque] siempre habla así; de hecho, pronuncia [el sonido] *tecucilton, tecucilton*. Su voz es delgada. Es del mismo [tamaño] que una codorniz, y sus plumas son las mismas.... Vive en... [las provincias de] Teutlixco [y] Toztlán <ahora en el estado de Veracruz> (CF, p. 26) (cf. clip de sonido de Vicente Desjardins, ML435021671 de la Macaulay Library).

IXMATLA-TOTŌ-TL, Tinamú Mayor (*Tinamus major*) (Figura 27).

> Su hogar está en el bosque. Vive allá en Anáhuac <en otro parte descrito como: "hacia el mar del sur", es decir, el Océano Pacífico>. Se llama *ixmatlatototl* porque [su canto] es casi como nuestro propio discurso. Cuando canta, dice *campa uee*, como si imitara a los que allí viven.... Su pico es plateado. Su cabeza, su pecho, su espalda, su cola están completamente cenicientos; sus pies son de ceniza (CF, p. 26).

Figura 27. IXMATLA-TŌTŌ-TL, Tinamú Mayor (ML431413481, foto de Lukas Sekelsky de la Macaulay Library).

Esto encaja muy bien, ya que otros tinamúes grandes tienen patas rojas, sus llamadas se describen como "inquietantes... pares de silbidos poderosos, espeluznantes y temblorosos..." (Howell & Webb, 1995, p. 89) (cf. clip de sonido de Adam Dudley, ML432084251 de la Macaulay Library).

"Tercer Párrafo," Las Aves Acuáticas

A continuación, el "Tercer Párrafo, que habla de las aves acuáticas", en náhuatl la frase utilizada para describir a este grupo "ave acuática" es "*totomé, atlan nemj*", literalmente, "aves, que viven entre o bien, junto al agua [Ā-TLĀN]". Este párrafo incluye 45 descripciones, casi un tercio de todas las aves nombradas en el *Códice*; algunas pueden ser sinónimos, pero la diversidad de nombres para las aves acuáticas refleja el rico hábitat lacustre que rodeaba a Tenochtitlán, la isla capital de los aztecas. Diecisiete de estas descripciones nombran a los patos (Anatidae); dos nombran a zumbullidores (Podicipedidae); cinco nombran a Ralliformes: un rascón, una fúlica, dos gallaretas, y una grulla; ocho nombran garcetas, garzas, avetoros, un ibis y una cigüeña. La Espátula Rosada también se considera "ave acuática", aunque ya se mencionó en el apartado de las aves de "rico plumaje". También figuran pelícanos (Pelicaniformes) y un cormorán (Suliformes); cuatro categorías de aves playeras, gaviotas y charranes (Charadriiformes); dos golondrinas (Hirundinidae), y finalmente, el Martín Pescador (Alcedinidae). También, es posible que, por error, se haya incluido a un "guajolote salvaje" (*Quauhtotoli*) y un mamífero acuático (*Acujtlachtli*), la edición facsímil muestra claramente que *Acujtlachtli* fue incluido en una fecha posterior.

Una de las descripciones ha representado un verdadero rompecabezas: TEN-ITZ-TLI, literalmente "pico de obsidiana", posiblemente se trata de un Charrán Negro (*Chlidonias niger*):

> Vuela alto siempre de noche allá sobre la laguna. Es del mismo tamaño que una paloma. Su cabeza es bastante pequeña, de color negro. Su pecho es algo blanco, algo oscuro. Su espalda es negra; sus alas bastante pequeñas. Su cuerpo es todo pequeño y redondo, su cola pequeña y sus patas como las de una paloma.... tiene tres picos en total. Su comida entra por dos lugares, [aunque] hay una sola garganta.... También tiene dos lenguas. Sus [tres] picos están uno sobre el otro.... Y si uno captura esto [*Tenitztli*], es señal de que está a punto de morir.... Es un ave de mal agüero.... La comida de [*Tenitzli*] son moscas de agua, hormigas voladoras que vuelan alto (CF, p. 31).

Martín del Campo sugirió que esta misteriosa ave podría ser el Rayador Americano (*Rhynchops niger*), dada la extraordinaria manera de ir cortando o removiendo la superficie del agua mientras vuela, sin embargo, la descripción no responde a un Rayador. Al aventurarme en sugerir objetivamente para este caso, pienso que los escribas aztecas tenían en mente al Charrán Negro, que se sabe, caza insectos sobre lagos pantanosos al atardecer y coincide con algunos de los detalles descriptivos, también coincide que era un ave temida de mal agüero, probablemente rara vez se la observaba de cerca.

Por otra parte, los patos nombrados cubren casi todas las especies de Anatidae que probablemente se encontraban en el complejo de lagos del Valle de México, especialmente durante el invierno, en ese sentido Martín del Campo le dio al clavo a la mayoría, pero encontré varios problemas con sus identificaciones, las que llaman más la atención son: CON-CANAUH-TLI, literalmente, "pato de olla", como el Ganso Careto Mayor (*Anser albifrons*); el *Códice*, menciona que este "pato" (es decir, una especie de CANAUH-TLI) "es un habitante de aquí de la laguna y aquí, tiene a sus crías, construye sus nidos, pone huevos, se sienta, empolla a sus crías" (CF, p. 26). Sin embargo, el ganso en cuestión se reproduce en la parte alta del Ártico y, en el mejor de los casos, es un visitante ocasional de invierno en el Valle de México; Martín del Campo, también identificó TLALALACA-TL/À-TLATLALACA-TL con este ganso, como si fuera un sinónimo, esa descripción es diferente y algo más informativa: "Es grande. Las patas son de color rojo chile. [El pico] es cenizo, el dorso es redondeado .... Tiene plumas suaves; su plumón sirve para capas" (CF, p. 27). Es probable que ningún ganso haya anidado en el lago de Texcoco (es decir, "la laguna"), ahora o en el pasado. De los patos que posiblemente anidaban y que podrían ajustarse a esta descripción, son el Pijije Alas Blancas (*Dendrocygna autumnalis*) que corresponde mejor para TLALALACA-TL, aunque los Pijijes Alas Blancas anidan con mayor frecuencia en las tierras bajas costeras, estos se han registrado anidando en lagos de tierras de mayor altitud. Si, CON-CANAUH-TLI es similar a TLALALACA-TL, pero distinto a CON-CANAUH-TLI debería ser el Pijije Canelo (*Dendrocygna bicolor*), el término ZOQUI-CANAUH-TLI "pato de barro", que podría ser un sinónimo.

CANAUH-TLI$_1$ es el término genérico para "pato", se aplica de manera más generalizada que el término "duck" en inglés, este es un aspecto que sucede frecuentemente en las clasificaciones etnobiológicas, el término genérico puede cumplir una doble función, nombrar las especies prototípicas de la categoría genérica, es decir, la forma específica que más a menudo viene a la mente en un contexto más amplio. En este caso parece que podemos tener dos prototipos que pueden ser diferentes; por lo que sugiero que, distingamos estos "patos" prototípicos como CANAUH-TLI$_2$ y CANAUH-TLI$_3$.

CANAUH-TLI$_2$, es el pato prototípico, quizás el Pato Mexicano (*Anas diazi*): "pecho blanco; [o de otra manera] cenizo; de tamaño mediano, no demasiado grande. Su pecho ..., sobre su vientre es blanco. Tiene un pico ancho y negro" (CF, p. 26). Esta descripción corresponde al Pato Mexicano, de acuerdo con la traducción de Martín del Campo. Alternativamente, este "pato" prototípico podría ser una categoría general para las hembras y/o el plumaje eclipsado de los machos de muchas especies de patos locales, que en el invierno podrían no estar asociados con sus respectivos machos. Inmediatamente después de la segunda descripción se encuentra etiquetado el término CANAUH-TLI, también hay una tercera descripción, etiquetada como CANAUH-TLI, que se describe de manera muy diferente:

CANAUH-TLI_3, que tal vez se trata del Pato Real (*Carina moschata*): "Las [plumas] de la cabeza son de color verde oscuro. La cabeza es negra. Las plumas de su cabeza son resplandecientes, iridiscentes" (CF, p. 26). Martín del Campo lo identifica como el Pato de Collar (*Anas platyrhynchos*), en el cual, el macho muestra una cabeza de color verde metalizado. Sin embargo, el verdadero Pato de Collar —a diferencia del "Pato Mexicano", *Anas diazi*, que carece de la cabeza verde, es un migratorio de invierno raro en el norte de México. Considero que CANAUH-TLI_3 puede ser, entonces el Pato Real, que anida en los manglares costeros y luce un plumaje negro verdoso metálico.

De manera dispersa, a lo largo de este párrafo se encuentran las siguientes especies de patos, que son más fáciles de identificar, especialmente con respecto a los machos, para lo que se tienen 12 categorías nombradas:

ECA-TŌTŌ-TL, literalmente, "pájaro del dios del viento", quizás el Pato Arcoiris (*Aix sponsa*):

> Se llama *ecatotótl* porque sus plumas negras adornan el rostro [a la manera del dios del viento]…. Su cabeza es bastante pequeña; es crestado…. Aquí no cría a sus crías; también migra…. Muchos de ellos vienen (CF, p.35).

Martín del Campo lo identificó como el Mergo Cresta Blanca (*Lophodytes cucullatus*), pero esa especie se conoce en México a partir de los pocos individuos extraviados durante la migración de invierno. ¿Qué otro pato con cresta con el distintivo patrón facial del "dios del viento" podría ser un visitante habitual del Valle de México durante el invierno? Sospecho que el Pato Arcoiris el cual, encaja a la perfección (cf. Howell & Webb, 1995, p. 159, 170–171). Tengan en cuenta que ECA-HUĪTZIL-IN, literalmente, "colibrí del dios del viento", y ECA-TLOH-TLI, literalmente, "halcón del dios del viento", se distinguen por un llamativo patrón facial, que se asemeja a las imágenes del dios Ehecatl (ver Figura 36). "A menudo se representa a Ehecatl con una máscara de pico de pato y un sombrero cónico".

METZ-CANAUH-TLI, literalmente, "pato de la luna", la Cerceta Alas Azules (*Spatula discors*) (Figura 28): "Por eso se llama *metzcanauhtli:* en su cara está decorado con plumas blancas como la luna [creciente]…. Aquí no tiene a sus crías; también migra" (CF, p. 35). No hay duda aquí, ya que la marca facial descrita es característica única del macho de esta especie.

Figura 28. METZ-CANAUH-TLI, Cerceta Alas Azules (ML435484041, foto de Brian Stahls de la Macaulay Library).

CHIL-CANAUH-TLI, literalmente, "pato rojo", la Cerceta Canela (*Spatula cyanoptera*): "Se llama *chilcanauhtli* porque su cabeza, pecho, lomo, cola son todos como chiles leonados; asimismo sus ojos. Sus alas son plateadas, ... sus pies rojo chile.... Tampoco tiene aquí a sus crías; también va y viene con los demás" (CF, p. 38). Los detalles dados, se ajustan con precisión a esta especie.

YACA-PATLĀHUAC, literalmente, "nariz ancha", el Pato Cucharon Norteño (*Spatula clypeata*): "Es un pato. Se llama *yacapatlauac* porque su pico es algo largo y muy ancho al final.... <aquí describen como muda durante su visita invernal> También migra.... Muchos vienen aquí" (CF, p. 38). La descripción no deja lugar a dudas.

ZŌL-CANAUH-TLI, literalmente, "pato codorniz", posiblemente el Pato Friso (*Mareca strepera*):

> Se llama *zolcanauhtli* porque sus plumas son todas como plumas de codorniz. Es bastante grande, del mismo tamaño que un [pato] peruano. Las [plumas] blancas solo están alineadas en el punto de la curva de cada ala. Su pico es pequeño y ancho; sus patas negras, ... <aquí describen las plantas acuáticas que le gusta comer>. También viene y también migra con los demás.... Muchos vienen aquí (CF, p. 37).

Martín del Campo lo identificó como el Pato de Collar (*Anas platyrhynchos*); sin embargo, en la descripción nada sugiere que lo sea, al menos, en lo referente al macho del Pato de Collar, con su cabeza verde metálico y su llamativo pico amarillo. En cambio, sugiero el Pato Friso (*Mareca strepera*), es inevitable cierta ambigüedad, ya que la "codorniz" (ZŌL-IN) de la comparación podría traer a la mente varias especies de codorniz diferentes; la codorniz escamosa, en particular, sería una buena pareja para el plumaje sutil del Pato Friso. El blanco en "el punto de cada curvatura del ala" bien podría referirse a la característica mancha blanca en las plumas secundarias internas de esta especie. Los patos frisos son comunes en invierno en todo el centro de México, a diferencia del Pato de Collar. El [pato] del "Perú" mencionado que, podría ser el Pato Real (*Carina moschata*), ya que había sido domesticado por las comunidades indígenas sudamericanas. Mencionan también, es del tamaño de un ganso pequeño; alternativamente, un "pato peruano" podría ser un pato domesticado del Pato de Collar, traído de Europa por los conquistadores.

XĀL-CUĀ-NI/XĀL-CANAUH-TLI, literalmente, "devorador de arena", el Pato Chalcuán (*Mareca americana*):

> Se llama *xalcuani* porque siempre come arena, aunque a veces come… <plantas acuáticas> [Sobre] su cabeza, sus plumas son blancas en la coronilla; los lados de su cabeza verdes, resplandecientes. Su cuello es como el de una codorniz; su espalda es ceniza…. Sus alas son plateadas,…. A ambos lados [del ave] se colocan plumas leonadas…. Aquí no tiene a sus crías; también viene, también emigra. Vienen muchos (CF, pp. 36–37).

Los detalles le quedan como anillo al dedo al Pato Chalcuán, solo la afirmación de que "siempre come arena" es desconcertante, aunque, este pato suele pastar en los márgenes poco profundos de los estanques, lo que podría haber sugerido esta interpretación.

TZITZIHUA, el Pato Golondrino (*Anas acuta*):

> Es un pato. Se llama *tzitziúa* por las plumas que le salen de la rabadilla; entre las plumas de su cola hay dos muy blancas…. Sus puntas son curvas; giran hacia arriba…. Siguiendo por la parte posterior de su cuello, es cenizo…. también migra. Tampoco viene solo; hay muchos (CF, p. 36).

Otra descripción impecable.

QUETZAL-TEZOLOC-TON, Cerceta Alas Verdes (*Anas crecca*):

> Es un pato llamado *quetzalteçolocton* porque su cabeza está adornada como con plumas de quetzal. En la coronilla de su cabeza sus plumas son amarillas. Su pico es negro, pequeño y ancho.... sus alas resplandecientes [verdes]. Pero por lo demás sus alas están todas cenizas.... Aquí no cría a sus crías (CF, pp. 34–35).

La cabeza rojiza contrastante y el parche verde en la mejilla recuerdan el esquema de color del quetzal. Los demás detalles, igualmente, singularizan a esta especie.

CUĀ-CŌZ-TLI, literalmente, "collar en la parte superior", Pato Coacoxtle (*Aythya valisineria*):

> Esun pato, llamado *cuacoztli* porque su cabeza y su cuello son morenos hasta su hombro. Es tan grande como un pato de Perú hembra [pato]. Sus ojos son de color rojo chile; su pecho blanco; su espalda ceniza,.... De su plumón se hacen capas. Aquí no tiene a sus crías, sino que también migra (CF, p. 35).

Una vez más, los detalles proporcionados dejan pocas dudas sobre la identidad de esta especie; aquí, solo sugeriría que hay que el pariente similar y cercano del Pato Coacoxtle, el Pato Cabeza Roja (*Aythya americana*), podría estar incluido en esta identidad, ya que ambas hibernan regularmente en el centro de México. El nombre probablemente deriva de CUĀ[I]-TL "cabeza, parte superior..." y CŌZ-TLI "collar de cuello" (Karttunen, 1983, pp. 43, 58)

TZON-YAYAUHQUI, posiblemente el Pato Boludo Menor (*Aythya affinis*) y/o el Pato Pico Anillado (*Aythya collaris*):

> Se llama *tzonyayauhqui* porque su cabeza es muy negra <TZON-TLI es "cabeza de cabello" (Karttunen, 1983, p. 318)>, muy parecida al carbón, llegando hasta su cuello. Sus ojos son amarillos; su cuello, su pecho muy blanco; su espalda ceniza oscura.... Aquí no tiene a sus crías; simplemente viene [y] se va. Muchos vienen. Comen lo que está en el agua, [así como] la arena de las rocas.... (CF, p. 37).

Martín del Campo no intentó identificar esta especie, por lo que yo sugiero al Pato Boludo Menor (*Aythya affinis*), un visitante de invierno común en todo México que no se tiene en cuenta en este relato, casi exhaustivo, de los patos que también son migratorios de invierno en la región. Igualmente, el Pato Pico Anillado (*A. collaris*) puede ser posible, como lo sugieren Miller et al. (1957).

AMANACOCHE, el Pato Monja (*Bucephala albeola*):

> Se llama *amanacoche* por sus plumas blancas colocadas a ambos lados de su cabeza. Es del tamaño de la cerceta <de alas verdes>.... Su pecho es blanco; su espalda negra;.... También migra; no tiene a sus crías aquí. Vienen muchos (CF, pp. 35–36).

Los detalles no dejan lugar a dudas de que se trata del Pato Monja.

Ā-TAPALCA-TL, onomatopéyico, literalmente, "tepalcate de agua", el Pato Tepalcate (*Oxyura jamaicensis*):

> También [se llama] *yacatexotli*. Es un pato. Viene adelantado, antes de que hayan venido [otras aves acuáticas]. Se llama *atapalcatl* porque si va a llover al día siguiente, empieza por la tarde, y toda la noche [sigue], a batir el agua [con sus alas]. Así, la gente del agua sabe que lloverá mucho cuando amanezca. Se llama *yacatexotli* <literalmente, "tiene pico azul"> porque su pico es azul claro, pequeño, ancho. Y cerca de su cabeza... es blanco. Su cabeza es café rojiza; sus alas, pecho, espalda, cola son todas leonadas.... Aquí tiene a sus crías; [tiene] diez, quince, veinte jóvenes. A veces no todos se van; algunos se quedan (CF, p. 36).

Una vez más, una descripción detallada y bastante precisa de este distintivo pato; el nombre se refiere a "fragmentos de cerámica" o también conocidos como "tepalcates", el sonido de las alas del pato golpeando el agua es como el sonido de la cerámica que se está rompiendo. El macho Pato Tepalcate "golpea el pico contra su inflado pecho en exhibición" y "corre a través del agua para despegar" (Howell & Webb, 1995, p. 172), semejantes ruidos podrían haber inspirado el nombre.

Curiosamente, la Garza Nocturna Corona Negra (*Nycticorax nictycorax*), HUAC-TLI$_1$, y el Martín Pescador Norteño (*Megaceryle alcyon*), Ā-CHALALAC-TLI, se incluyen con los "patos": De ambos se dice "Es un pato". De la Gallineta Frente Roja (*Gallinula galeata*) se dice más bien que "pertenece a los patos", pero no se le llama "pato". Ninguna de las otras aves acuáticas enumeradas en este párrafo recibe el nombre de "pato". "Pato", entonces podría ser considerado como un taxón "genérico popular" o llamado categoría "intermedio" en el esquema de Berlín (1992), dado que algunas, pero no la mayoría de las especies de pato, se nombran binomialmente como "X"-CANAUH- TLI.

Hay dos tipos de zambullidores (Podicipedidae):

Ā-CIH-TLI, Achichilque Pico Amarillo y Achichilque Pico Naranja (*Aechmophorus occidentalis* y *A. clarkii*).

> También es raro…. Llega cuando vienen las diversas aves [acuáticas]… su cabeza es bastante pequeña, negra, con un pico puntiagudo de color rojo chile. Sus ojos son como el fuego. Es de cuello largo…. Su pecho muy blanco, su espalda negra,…. Sus patas negras: también son algo hacia su rabadilla, como las patas de un pato…. Vive allá en la laguna y se atrapa en las redes (CF, p. 31) (Figura 41).

La descripción se aplica mejor al Achichilque Pico Naranja, ya que su pico es de color amarillo anaranjado brillante, la descripción del color del pico "rojo chile" puede abarcar una gama de tonos rojo anaranjado brillante, al igual que los chiles. El pico del Achichilque Pico Amarillo es de un color amarillento más opaco. Sin embargo, ambas especies residen al sur hasta las tierras altas del centro de México y, hasta hace poco, se consideraban una sola especie. Lo más probable es que los aztecas los consideraran una sola especie también. El nombre podría interpretarse como "liebre de agua" o "abuela de agua" (cf. Karttunen, 1983, p. 34), aunque ninguno de los dos se hace explícito en el relato original.

YACA-PITZĀHUAC, literalmente, "pico delgado". Zambullidor Orejón (*Podiceps nigricollis*):

> También [se llama] *nacaztzone*. Se llama *yacapitzauac* porque su pico es pequeño, puntiagudo, algo así como un clavo pequeño, y lo atraviesa a uno agudamente. Y nada bajo el agua; siempre se alimenta bajo el agua. y se llama *nacaztzone* porque sus plumas que están sobre sus orejas, inclinadas hacia la nuca, son algo largas, café rojizas…<quizás compuesto de NACAZ-TLI "oreja" y TZON-TLI "cabello" (Karttunen, 1983, pp. 156, 318)>. Sus ojos son como el fuego, rojo chile…. Aquí no tiene a sus crías; también migra (CF, p. 37).

Hay registros recientes de anidación en el centro de México, pero es principalmente como un visitante de invierno, como se señaló.

Pasamos a continuación a los rascones, gallaretas y gallinetas (todos Rallidae), especies características de los márgenes de las charcas pantanosas (a excepción del Rascón Nuca Canela, PŌPOCALES, tratado anteriormente), para lo cual, hay cuatro categorías nombradas:

CUA-CHIL-TON/CUA-CHIL-LĪ, literalmente, "come chiles", la Gallineta Frente Roja (*Gallinula galeata*): "Vive sobre el agua; pertenece a los patos. Su cabeza es de color rojo chile, su pico es puntiagudo. Vive, nace sólo aquí, entre los juncos" (CF, p. 27). Martín del Campo la identifica como la Gallareta Americana (*Fulica americana*). Sin embargo, su pico es blanco. La Gallineta Frente Roja, es su pariente cercano, tiene un pico amarillo brillante y un escudo facial rojo brillante, por lo que, encaja mejor.

YACA-CIN-TLI, literalmente, "nariz/pico de mazorca de maíz", Gallareta Americana (*Fulica americana*): "El Yacacintli es lo mismo que el [Quachilton]" (CF, p. 27). Se ha asumido que este es un sinónimo de CUA-CHIL-TON. Sin embargo, creo que es razonable interpretar esto como una afirmación de que los dos son similares, pero no idénticos. La versión española así lo confirma: "Hay otra ave semejante a estas [*cuachilton*], que se llama *yacacintli*" (Gárcia Quintana & López Austin, 1988, p. 696). Las dos especies son bastante similares en forma y comportamiento, aunque la gallareta es más retraída.

CUĀ-TĒZCA-TL, literalmente, "cabeza de espejo", la Gallineta Morada (*Porphyrio martinicus*) (Figura 29):

> También es raro. También viene cuando vienen [las otras aves acuáticas].... Por eso se llama [*cuatezcatl*] "cabeza de espejo": en su cabeza hay algo como un espejo, un [parche] redondo en la coronilla de su cabeza.... Su pecho, su espalda son completamente celestes; sus alas, su cola son igualmente celestes.... Sus patas son amarillas. Y cuando nada, cuando rema con los pies en el agua, parece una brasa; va brillando, reluciendo... la aparición de esta gallareta morada era [una señal de] guerra. Quien capturaba uno se miraba en el espejo <para prever su destino en la guerra> (CF, pp. 32–33).

Figura 29. CUĀ-TĒZCA-TL, Gallineta Morada (ML435228071, foto de Annette Teng de la Macaulay Library).

Aparentemente, este "espejo" es la forma en que los aztecas interpretaron el escudo facial azul pálido de esta ave de apariencia exótica (Figura 29).

COHUIX-IN, onomatopéyico, probablemente el Rascón Azteca (*Rallus tenuirostris*) (Figura 30):

> Es un ave acuática. Se llama couixín porque cuando habla dice *couix, couix*. Es bastante pequeño; es un poco más grande que una ["paloma"].... Su pico es rojo chile, negro en la punta, pequeño y cilíndrico. Su espalda, sus alas, su cola son todas como plumas de codorniz; solo su pecho es rojizo. Sus patas son calizas, muy largas.... Esta ave también cría aquí a sus crías; también viene y también va (CF, p. 34).

Por alguna razón, Martín del Campo la identificó como el Chorlo gris (*Pluvialis squatarola*); sin embargo, el chorlito gris es un visitante de invierno de las costas y carece de los colores descrito, creo que el residente Rascón Azteca, un habitante inconspicuo pero ruidoso de los pantanos llenos de juncos como los que rodeaban la capital azteca en la época de la conquista española, se puede ajustar perfectamente a la descripción, incluidas las vocalizaciones, en su caso, Howell y Webb describen las llamadas del esta rascón como "Un rudo *ki ka-ka-ka ka-ka-ka....keh-keh-kehrr... kek-kek-kek-kek*" (1995, p. 239) (cf. clip sonoro de Anuar López, ML432093161 de la Macaulay Library).

Figura 30. COHUIX-IN, Rascón Azteca (ML430444191, foto de Paula Gatrell de la Macaulay Library).

El siguiente es un pariente lejano de los Rallidae, una grulla (Gruidae):

TOCUIL-COYŌ-TL, la Grulla gris (*Antigone canadensis*): "El pico es largo, como un clavo, en forma de dardo; la cabeza es roja como un chile, [el cuerpo] cenizo, el cuello largo. Es alto, alto, altísimo. Las patas son fibrosas, muy largas,… como zancos" (CF, p. 27). Martín del Campo lo identificó como la "grulla marrón", ahora conocida como Grulla Gris; actualmente, es visitante habitual de invierno en el norte de México, pero rara vez se desplaza hacia el sur hasta el Valle de México. Bien pudo haber sido más común en la época azteca; en cualquier caso, es tan distintiva que habría sido difícil pasarla por alto.

La Garza Morena a menudo se llama "grulla" y los aztecas también apreciaban su similitud. A continuación, se enumeran las garzas, garcetas, avetoros e ibis (Pelecaniformes) y la cigüeña (Ciconiiformes). La Espátula Rosada, tratada anteriormente, se pudo haber incluido aquí de no haber sido por su prominencia como fuente de "rico plumaje". El *Códice* enumera ocho categorías nombradas:

Ā-XOQUEN, la Garza Morena (*Ardea herodias*): "Se parece a la Grulla Gris <canadiense> [en color]; es color cenizo, gris. Huele a pescado, a pescado podrido, a pescado apestoso" (CF, p. 28). Martín del Campo concluyó que se trataba de la Garza Azul (*Egretta caerulea*), aparentemente porque la versión en español la describía como "grulla", pero mucho más pequeña. "Es de color de las grullas; pero mucho menor" (Gárcia Quintana & López Austin, 1988, p. 697). A pesar de esa descripción, considero que es mucho más probable que la Garza Morena haya sido nombrada como la Garza Azul, dado que es igualmente probable que ambas se encuentren en invierno en las tierras altas de México Central (Howell & Webb, 1995, pp. 138–140). Tengan en cuenta también, que la Cigüeña Americana, es "grande, alta, igual que la <Garza Morena>" (CF, p. 32).

AZTA-TL, la Garza Dedos Dorados (*Egretta thula*): "También es llamado *teoaztatl* <garceta sagrada>. Es blanca, muy blanca, intensamente blanca…. Es de cuello largo, fibroso, curvo. El pico es puntiagudo, largo y puntiagudo, negro. Las patas son muy largas, fibrosas, como zancos, negras" (CF, p. 28). Hay que destacar que los aztecas, los AZ-TECA, derivan su nombre autóctono de su lugar de origen legendario, AZ-TLAN, que podría interpretarse como "lugar de garzas". Es razonable suponer que AZTA-TL podría incluirse dentro del rango extendido de la Garza Blanca (*Ardea alba*), aunque su pico es amarillo.

HUEXO-CANAUH-TLI, literalmente, "pato sauce", posiblemente la Garcita Verde (*Butorides virescens*): "Sus patas son largas, de color verde oscuro. Su pico es puntiagudo, largo y puntiagudo, de color verde…. La cabeza se vuelve de color rojo chile; sus patas se vuelven largas, como cuerdas… fibrosas" (CF, p. 27). Martín del Campo identificó a esta ave como la Garza Nocturna Corona Negra; sin embargo, la Garza Nocturna Corona Negra es más conocida por el nombre onomatopéyico HUAC-TLI (ver más abajo). Los detalles descritos se ajustan más a la Garcita Verde, además de que esta se alimenta característicamente de los sauces junto a los arroyos. Se le llama "pato", al igual que la Garza Nocturna.

HUAC-TLI$_1$, onomatopéyico, la Garza Nocturna Corona Negra (*Nycticorax nycticorax*):

> Es un pato. Se llama *uactli* porque su canto es como *uactli:* hace [el sonido] *uac, uac.* Es del tamaño de un gallo. La coronilla de la cabeza es negra, [pero] se colocan [plumas] blancas a cada lado de su cabeza, y en su corona yacen tres penachos inclinados hacia la parte posterior de su cuello, blancos, bien curvados. Su pico es negro, redondeado.... El cuello es blanco... algo largo. Su pecho también es blanco; cenizo sobre su lomo..... sus patas amarillas.... (CF, p. 39).

Dado los detalles de esta descripción, esta se ajusta perfectamente a la Garza Nocturna Corona Negra, no es probable que se haya usado un nombre y una descripción muy diferentes, HUEXO-CANAUH-TLI, para esta especie (ver arriba). Cabe señalar que HUAC-TLI$_2$ nombra el Halcón Guaco (ver más abajo en el párrafo cuatro), debido a la similitud con sus vocalizaciones tan características.

TOL-COMOC-TLI, onomatopéyico, el Avetoro Norteño (*Botaurus lentiginosus*):

> También su nombre es *atoncuepotli* y *ateponaztli.* Es bastante grande, del mismo tamaño que el pollo castellano, el capón. Su cabeza es de color amarillo oscuro; pico amarillento,... cilíndrico, de aproximadamente el tamaño de la palma <de la mano> de largo .... Y por eso se llama *tolcomoctli:* como canta, resuena. Por esta razón se llama *atoncuepotli:* cuando canta, se escucha claramente explotar; es muy ruidoso y se llama *ateponaztli* porque suena de lejos como un tambor de dos tonos, así de fuerte es.... Este avetoro siempre vive aquí en los juncos; aquí cría a sus crías.... Cuando canta mucho, <la gente del agua> sabe que vendrán lluvias, lloverá mucho y habrá muchos peces, toda clase de vida acuática (CF, p. 33).

Comparé la descripción de la canción de Sibley del Avetoro Norteño: "un profundo, trago y un palpitante: *BLOONK-Adoonk* repetido" (2014, p. 107). Un pájaro icónico de los juncos y tierras pantanosas.

ĀCA-CHICHIC-TLI, onomatopéyico, probablemente el Avetoro Menor (*Ixobrychus exilis*):

> Vive en el agua. Se llama *acachichictli* porque es como si cantara *achi-chic*. Y vive sólo entre los juncos. Y este pájaro es también agorero, la gente del agua dice: siempre que canta está a punto de amanecer.... Su cabeza es bastante pequeña; su pico es puntiagudo y pequeño. Todas sus plumas son amarillas, ligeramente cenizas. Sus patas son amarillas, verdosas. Siempre vive aquí; aquí tiene a sus crías (CF, p. 39).

Martín del Campo identificó a esta ave como el Achichilique Pico Amarillo. Sin embargo, esa especie es mejor conocida como Ā-CIH-TLI (ver arriba). Además, la descripción no tiene ningún parecido con el Achichilique, ni con su plumaje, su cuerpo o sus vocalizaciones; por otro lado, todos estos detalles descriptivos encajan con el Avetoro Menor.

Ā-CĀCĀLŌ-TL, literalmente, "cuervo de agua", el Ibis Ojos Rojos (*Plegadis chihi*): "Es negro, un ave acuática, un devorador de vida acuática. Las patas son largas, muy largas, negras; tiene un pico afilado y curvo" (CF, p. 43). Aunque se describe como un "ave acuática", esta especie se enumera en el cuarto párrafo, que "habla de todas las aves [de presa]", se menciona seguido del Cuervo Común (*Corvus corax*). Martín del Campo lo identificó como la Cigüeña Jabirú (*Jabiru mycteria*), es la enorme hermana mayor de la Cigüeña Americana (ver más abajo, CUA-PETLĀHUAC). Sin embargo, el Jabirú es un residente raro de los pantanos costeros al este del Istmo de Tehuantepec. Otro punto, es que, el pico del jabirú no es "curvo" y el cuerpo es predominantemente blanco, a diferencia del homónimo "cuervo". Creo que el ave aquí nombrada es el Ibis Ojos Rojos, que reside en las tierras altas del centro de México.

CUA-PETLÁHUAC, cf. PETLĀHU(A) significa literalmente "destapar algo", en este caso, la cabeza (Karttunen, 1983, p. 192), la Cigüeña Americana (*Mycteria americana*):

> Es una cabeza calva, grande, alta, igual que la Garza Morena. Su cabeza es grande, como la de nuestros guajolotes nativos; su cabeza es calva sin plumas, desnuda hasta la parte posterior de la cabeza. Los lados de su cabeza son de color rojo chile, llegando hasta su cuello. Es de cuello largo. Su pico es muy grueso además de cilíndrico, largo, como un arco. Su pecho es negro, su espalda, sus alas son completamente cenizas, excepto que las curvas de las alas son muy negras.... Esta <cigüeña de cabeza pelada> también viene cuando vienen las aves [acuáticas]. Es bastante raro (CF, p. 32).

Es considerada como un mal augurio, presagiando la muerte de los hombres con alto rango y el estallido de la guerra. La descripción se ajusta a la cigüeña de cabeza pelada (que es la Cigüeña Americana de Martín del Campo) excepto por los lados de la cabeza "rojo-chile". Este detalle puede deberse a una confusión con el Jabirú. Es probable que ninguna de las dos especies haya sido conocida por los aztecas, ya que ambas son especies costeras, aunque la cigüeña se encuentra a lo largo de ambas costas.

Dos especies de pelícanos y un cormorán representan a los Pelecaniformes y Suliforme respectivamente y se mencionan dos categorías nombradas:

Ā-TŌTO-LIN, literalmente, "pavo de agua", el Pelícano Blanco Americano (*Pelecanus erythrorhynchus*):

> Es el gobernante, el líder de todas las aves acuáticas. Cuando vienen los diversos pájaros, cuando este llega, los trae aquí en la época de la fiesta de Santiago, en el mes de julio .... Y la cabeza de este pelícano es bastante grande, negra. Su pico es amarillo, redondo, de un palmo de largo. Su pecho, su espalda son todos blancos .... Su cuerpo es largo, muy grueso .... Este pelícano no anida en ningún lugar entre los juncos; siempre vive ahí en medio del agua (CF, pp. 29–30).

Se dedican dos páginas a este "gobernante de todas las aves acuáticas", describiendo cómo la gente del agua trata de capturar a esta ave con la esperanza de encontrar una "piedra verde preciosa" en su molleja (Figura 43), aunque, quién se atreve, lo hacen por su propia cuenta y riesgo, ya que "hunde a la gente" que las persigue en sus canoas. También fue reconocido el otro pelícano mexicano, el Pelícano Café (*Pelecanus occidentalis*), aunque este no se menciona en el *Códice*, pero sí es reconocido: en La *Historia General* que menciona lo siguiente: "Hay unas destas [*atotoli*] aves blancas; otras ametaladas" (García Quintana & López Austin, 1988, p. 696). Tomo esto para denotar el plumaje oscuro contrastante del Pelícano Café, que es estrictamente costero.

Ā-COYO-TL, el Cormorán Neotropical (*Nannopterum brasilianum*):

> Viene después del pelícano [como ave acuática]. Es también el corazón del agua; también es el líder de las aves [acuáticas] .... Su cabeza es tan grande como la de un guajolote. El pico es puntiagudo, negro, bastante cilíndrico; el borde exterior de la punta es amarillo. Su pecho es más bien blanco. Su espalda, sus alas son todas cenizas, negruzcas, ... Es de cuerpo largo. Sus patas son gruesas, no largas; están en su rabadilla, casi en su cola .... También es raro; también puede hundir a uno (CF, p. 30–31).

Martín del Campo identificó a esta ave como el "guajolote de agua", también conocido como "pato anhinga" Anhinga Americana (*Anhinga anhinga*); sin embargo, yo considero al Cormorán Neotropical; ambas especies, son parientes distantes y residentes costeros, aunque el cormorán se reproduce en las tierras altas del centro norte de México. La descripción no es precisa para ninguna de las dos especies, el pico del "pato anhinga" es amarillo, no negro, mientras que el pico oscuro del cormorán tiene un borde blanco, no amarillo. El cormorán adulto es de color negro sólido, no de pecho blanco, aunque las aves jóvenes pueden "volverse blanquecinas" en las partes ventrales (Howell & Webb, 1995, p. 129).

Para describir el orden Charadriiformes se incluyen: gaviotas, charranes, avocetas, una variedad de chorlitos, playeros, mientras para el orden Ciconiiformes se incluye a las cigüeñas, en este grupo se tienen ocho categorías nombradas:

PIPITZ-TLI, cf. PIPITZCA "relinchar, chillar, chillar" (Karttunen, 1983, p. 197), la gaviota reidora (*Leucophaeus atricilla*):

> También vive en el agua. Su cabeza es negra; sus ojos también son negros; [plumas] blancas se colocan en los párpados [de modo que estos] parecen ser sus ojos. Es algo de cuello largo. La garganta y el pecho son blancos... en su espalda, su cola, alas, puntas de las alas, es negro. Las puntas son blancas en la parte de la curva de las alas. Sus patas son bastante largas, de color rojo chile, esbeltas.... Algunos migran, otros se quedan y crían a sus crías aquí. Cuatro son sus huevos; sólo en el suelo, sobre barro seco... pone sus huevos; no sobre hierba o plumas (CF, p. 39).

Esto describe claramente a la gaviota reidora en su plumaje reproductivo, así como su comportamiento de anidación; esta es la especie de gaviota más común en México y anida a lo largo de ambas costas y rara vez en el interior.

PIPIXCAN, cf. PIPIXAHU(I) "lloviznar o helar" (Karttunen, 1983, p. 197), la Gaviota de Franklin (*Leucophaeus pipixcan*):

> Es blanco, como una paloma; su cabeza está adornada [en blanco y negro]. Es un habitante del mar, un habitante del océano. Se llama *pipixcan* porque cuando se va a helar, cuando se va a cosechar el maíz, viene para acá (CF, p. 43).

Al igual que ocurre con el cormorán, esta especie fue exiliada del apartado de aves acuáticas al apartado cuatro, en el que se detallan las aves rapaces. Esta gaviota es un pariente cercano de la gaviota reidora que acabamos de describir, pero es una especie migrante transitorio en México, incluidas en las tierras altas, migra hacia el sur a fines del otoño, coincidiendo con la cosecha de maíz, como se señaló. Es intrigante notar que el epíteto de la especie en latín, "*pipixcan*", es un préstamo del náhuatl. Aparentemente, el autor del nombre científico deseaba honrar su filiación azteca.

XOMO-TL, Charrán Real y/o Charrán Elegante (*Tthalasseus maximus, T. elegans*): "Es crestado, de patas cortas, rechoncho. Los pies son anchos,… negruzcos. Es un habitante del agua, un comedor de peces" (CF, p. 27). Martín del Campo afirmó que este nombre se aplica ampliamente a una variedad de especies parecidas a patos (1940, pp. 393–394). Sospecho que Martín del Campo tiene razón en que este término abarca más de una especie, pero diría que las aproximaciones más acertadas son los charranes crestados, en particular los charranes reales y elegantes. Ambos son asiduos visitantes post nupciales de las costas mexicanas. Sin embargo, el tema se ve empañado por detalles adicionales presentados en la versión en español de la *Historia General*: "Viven en el agua; también en los montes. Unos dellos son pardos; otros negros; otros blancos; otros cenizos…. Estos comen peces, y también maiz" (García Quintana & López Austin, 1988, p. 696). Estos datos que faltan en el *Códice* podrían sugerir una aplicación más amplia a otras especies de charranes (Sterninae) o en su lugar aplicarse a la categoría adyacente, TEZOLOC-TLI (ver más abajo).

TEN-ITZ-TLI, literalmente, "pico de obsidiana", posiblemente el Charrán Negro (*Chlidonias niger*):

> Vuela alto siempre de noche allá sobre la laguna [es decir, la laguna de Texcoco, que es salada]. Es del mismo tamaño que una ["paloma"]. Su cabeza es bastante pequeña, de color negro. Su pecho es algo blanco, algo oscuro. Su espalda es negra; sus alas bastante pequeñas. Su cuerpo es todo pequeño y redondo…. Por eso se le llama "pico de obsidiana": tiene tres picos en total. Su comida entra por dos lugares, [aunque] hay una sola garganta por la que se lo traga. Tiene dos lenguas. Sus [tres] picos están uno sobre el otro…. El alimento del [pico de obsidiana] son las moscas de agua, hormigas voladoras que vuelan alto (CF, p. 31).

Este debe ser el relato más desconcertante de cualquier ave anotada en el *Códice*, Martín del Campo pensó que tal vez era el Rayador Americano (*Rhynchops niger*), que exhibe un pico de forma muy extraña, la mandíbula inferior mucho más larga que la superior, por lo que corta el agua en pleno vuelo para atrapar peces. Sin embargo, no hay nada más que sugiera la posibilidad de esta especie. El rayador es una especie costera que rara vez se ha extraviado en las tierras altas del centro de México. De ninguna manera es nocturno; tampoco es insectívoro; además, es bastante grande y de alas largas. He estado dudoso por este caso y solo puedo pensar que si tal ave hubiese existido esta debería ser el Charrán Negro (*Chlidonias niger*), el cual, es un ave migratoria común a través de todo México, incluso en las tierras altas. Se caracteriza por atrapar insectos al vuelo placenteramente; aunque, "si alguien captura esta <ave>, es un signo de que morirá…, su casa será destruida, las personas de su casa perecerán" (CF, p. 31), por lo que parece poco probable que la "gente del agua", se hubiera esforzado por capturar a uno para tener la posibilidad de observarlo más de cerca.

TEZOLOC-TLI/TEZOLOC-TON, varias especies de aves playeras (*Charadrius* spp., *Calidris* spp., et al.): "…es pequeña, de las que zumban [al volar]" (CF, p. 27). Martín del Campo afirmó que este nombre, así como XOMO-TL (ver arriba), se aplica ampliamente a una variedad de especies similares (1940, pp. 393–394). La versión española de la *Historia General* al describir XOMO-TL señaló que, "Viven en el agua y también en la maleza. Unos son oscuros, otros negros, otros blancos, otros grises…. Comen pescado, y también maíz". Esto no concuerda con lo señalado en el *Códice* para XOMO-TL. Sin embargo, las elaboraciones señaladas anteriormente, si se aplicaran más bien a TEZOLOC-TLI, podrían entenderse fácilmente como descriptivas para las diversas y abundantes especies de aves playeras que habrían visitado los lagos y campos del Valle de México; después de anidar, en migración, y/o durante el invierno. Según mi recuento aproximado, se pueden esperar al menos 16 especies de chorlitos y playeros en las tierras altas del centro de México. Las bandadas de estas aves pueden asentarse en las orillas de los lagos y en los campos abiertos, emitiendo ("zumbidos") ante el menor indicio de peligro.

Ā-TZITZICUILO-TL, literalmente, "pequeño palo de agua", la Monjita Americana (*Himantopus mexicanus*), en combinación con el Falaropo Pico Largo y el Falaropo Cuello Rojo (*Phalaropus tricolor* y *P. lobatus*): Tenemos dos descripciones, la del náhuatl del *Códice florentino* y la versión española de la *Historia General*. Coinciden en varios puntos, pero en conjunto plantean un rompecabezas. Primero, el náhuatl: "Es de espalda redonda. El pico es largo, en forma de aguja, puntiagudo,… negro. Las patas son largas, muy largas, como zancos, como escobas, delgadas. Su lugar de residencia es [la provincia de] Anáhuac. Es de pecho blanco…". (CF, p. 28). Martín del Campo lo identificó como el Falaropo Cuello Rojo (*Phalaropus lobatus*). Sin embargo, esa especie se reproduce en estanques de la tundra ártica y migra a lo largo de las costas, por lo que, es muy poco probable que haya sido familiar para los escribanos aztecas. Dado que se dice que "su morada es Anáhuac", se podría suponer que era residente, más que migratorio; la mejor opción para esta descripción, sería la Monjita Americana, que es "residente común a muy común desde el nivel del mar hasta 1500 metros" en todo México (Howell & Webb, 1995, p. 261). La versión española de la *Historia General* añade detalles que complican la identificación: "*atzitzicuilotl*" se describen como aves "*cenizas*" y se dice que visitan la "laguna de México" con las lluvias, y que bandadas de estas aves desaparecen luego en el océano donde se convierten en peces (García Quintana & Lopez Austin, 1988, p. 696). La Monjita Americana bien podría dispersarse "con las lluvias" a los lagos del Valle de México después de anidar en tierras bajas. Sin embargo, son negros arriba, no "cenizos" y que puedan desaparecer debajo de las olas en la orilla del mar difícilmente encaja. Tal vez los escribas confundieron a la Monjita Americana residente con el migratorio Falaropo Pico Largo, que, a diferencia del Falaropo Cuello Rojo, migra a lo largo de las tierras altas centrales. Se ajusta mejor a los detalles descriptivos del náhuatl el Falaropo Cuello Rojo, ya que tiene un pico más largo y delgado y es más probable observarlo alimentándose en la orilla con sus largas patas, detalles que comparte con la monjita, pero que contrastan con Falaropo Cuello Rojo, que característicamente nada en círculos cerrados en la superficie persiguiendo insectos, y rara vez expone sus patas. Los falaropos de pico largo en invierno son "cenizos" por encima, blancos por debajo, por lo que coinciden con los detalles del relato español mejor que la monjita. Finalmente, las bandadas de Falaropo Cuello Rojo podrían haber contribuido a esta descripción compuesta, ya que pueden ser abundantes en la migración en alta mar y, de hecho, pueden desaparecer bajo las olas como motas de espuma marina. Nos quedamos con datos de amplia descripción, que bien podrían haber sido inspirados para las tres especies. Los falaropos son conocidos en la lengua vernácula mexicana contemporánea como "chichicuilotes", claramente derivado del náhuatl, León García Garagarza reflexiona lo siguiente:

> Estos chichicuilotes, o falaropos, afortunadamente son todavía abundantes, así es que la próxima vez que los vean en la playa, consideren que los ancestros mexicanos estaban convencidos de que, cuando ya no están ahí, es porque se han echado en masa al agua y se han convertido en peces, en verdaderas sírenas pajareras (L.G. Garagarza, com. pers., August 16, 2022).

ICXI-XOXŌUHQUI, la Avoceta Americana (*Recurvirostra americana*):

> Es un ave acuática. Se llama *icxixoxouhqui* porque sus patas son verdes <Sibley describe las patas como "azuladas pálidas" (2014, p. 165), un tinte probablemente cubierto por el término de color náhuatl>. El pico es pequeño y cilíndrico, pequeño y delgado, negro, curvado hacia arriba. Su cabeza es bastante pequeña, blanca; su cuello es bastante largo. Su pecho, su espalda son blancos;…. Bastante pequeñas son sus alas; las superficies superiores son negras y las inferiores bastante blancas;…. Y cuando se ha mudado, su cabeza y cuello son casi rojos como un chile,…. Aquí tiene a sus crías,… cuando llegan las lluvias (CF, p. 34).

No cabe duda de que se trata de la Avoceta Americana, de pico recurvado y plumaje nupcial rojizo.

Ā-ZŌL-IN, literalmente, "codorniz de agua", la Agachona Norteamericana (*Gallinago delicata*): "También se le llama, çoquiaçolin <"codorniz de barro">. Es de pico largo, patas largas. Es multicolor como una codorniz…. Su hogar está en el agua, entre los juncos" (CF, p. 28). No hay duda acerca de esta identificación. Es una especie migratoria de invierno, común en todo México, incluidas las tierras altas.

Concluyendo este tercer párrafo que "habla de las aves acuáticas" hay tres especies bastante diferentes, aunque las tres están estrechamente asociadas con ambientes acuáticos:

Ā-CHALALAC-TLI, onomatopéyico, el Martín Pescador Norteño (*Megaceryle alcyon*):

> Es un pato [es decir, *canauhtli*]. Se llama *achalalactli* porque canta así: *cha, chacha, chuchu, chala chala chala* <cf. Clip de sonido de Liza Verkony, ML436910561 de la Macaulay Library>. Es del tamaño de un [ave playera]. Pero esta ave no vive en la laguna salobre; más bien vive en el agua dulce. Frecuenta los riscos. Tampoco se posa sobre el agua sino que siempre va a posarse sobre las copas de los sauces, sobre las copas de los árboles. Y cuando quiere alimentarse, de allí desciende, de repente se sumerge en el agua, toma lo que caza, tal vez un pez, tal vez una rana. Y cuando ha ido a llevárselo, entonces tranquilamente va a la copa del árbol de allí a comérselo…. Su cabeza tiene cresta; cenizas son sus plumas…. Su pico es negro, pequeño, puntiagudo, cilíndrico…. Su pecho es blanco, su dorso gris oscuro,… Vive siempre aquí; no [hay] muchos; son algo raros. No se sabe dónde tiene a sus crías (CF, p. 38).

Aunque parezca curioso llamar al martín pescador "un pato", los detalles descriptivos son impecables.

Ā-CUICUIYALO-TL/A-CUECUEYALO-TL, la Golondrina Risquera (*Petrochelidon pyrrhonota*) (Figura 31): "Anida en los riscos y techos de casas, frentes de casas. Es un constructor

Figura 31. ACUICUIYALO-TL, golondrinas risqueras (Dibble & Anderson, 1963, Figura 81, según Paso y Troncoso).

de nidos de barro que enyesa con su pico .... Es [oscuro] cenizo, como [CUĪCUĪTZCA-TL]" (CF, p. 28). Esta golondrina y la siguiente son las dos especies del Altiplano Central de México que construyen nidos de barro (Figura 31).

CUĪCUĪTZCA-TL, cf. CUĪCA-TL "canción" (Karttunen, 1983, p. 71), la Golondrina Tijereta (*Hirundo rustico*):

> Es pequeña y negra, con pico pequeño y puntiagudo, con patas pequeñas y cortas. Es de color carbón, ... Es un curruca, un pregonero, un curruca constante, un despertadore los que duermen. Es constructora de nidos de barro en los techos de las casas, en los frentes de las casas. Es un viajero, un desaparecido; después viene, en [el mes de] Atemoztli .... Se limpia, se embellece; se tira al agua, se baña (CF, p. 28).

Es digno de notar que los escribas aztecas no solo se contentaban con proporcionar los más mínimos detalles de un ave favorita, sino que se ponían líricos.

"Cuarto Párrafo," Las Aves de Presa

A continuación, consideramos el "Párrafo Cuarto, que habla de todas las aves [de presa] [IXQUICHT-IN TOTO-ME, TLAH UIITEQUI-NI]". "Las distintas águilas mencionadas habitan lugares inaccesibles, entre los riscos; [allí] anidan, ponen huevos, eclosionan sus crías" <A continuación se relata cómo los hombres capturaron las crías de estas aves> (CF, p. 42). Esta sección se divide aproximadamente en partes iguales entre dos categorías genéricas diversas: CUĀUH-TLI, que en su sentido genérico incluye una variedad de águilas, aguilillas y gavilanes y TLOH-TLI, que tiene el sentido genérico de "halcón", incluye la variedad de halcones pequeños. Las dos categorías no son perfectamente distintas, ya que tenemos dos categorías específicas que parecen tender un puente sobre la brecha: CUĀUH-TLOH-TLI, literalmente, "águila-halcón", y TLOH-CUĀUH-TLI, que debería significar literalmente, "halcón-águila" que refiere a muchas de las específicas "águila" y "halcón" no pueden identificarse fácilmente dada la gran diversidad de estas especies que los aztecas podrían haber encontrado, además de la diversidad de plumajes que podrían mostrar, sumando, la dificultad de identificarlas en vuelo sin la ayuda de binoculares. A menudo es mejor admitir que las descripciones hechas no necesariamente justifican la equivalencia positiva con una especie de rapaz en particular. Parece haber un exceso de categorías nombradas con las que se pueda equiparar a las probables especies de rapaces debido al número inusual de sinónimos aparentes. También se tratan en este capítulo al cuervo común, el Ibis Ojos Rojos, la gaviota de Franklin y el verdugo. Anteriormente ya mencioné el ibis y la gaviota con las aves acuáticas.

CUÁUH-TLI$_1$, "águila" (Accipitridae en parte): Este término sirve como el central para varios nombres binomiales que designan a la variedad de aves rapaces de tamaño grandes, como se indica a continuación. Aunque, también puede usarse para nombrar al Águila Real sin modificaciones o con el atributivo "obsidiana".

CUÁUH-TLI$_2$/ITZ-CUĀUH-TLI, "águila de obsidiana", Águila Real (*Aquila chrysaetos*) (Figura 32):

> El águila es de pico amarillo.... El pico es grueso, curvo, jorobado, duro. Las patas son amarillas.... son gruesas. Las garras son curvas, en forma de gancho. Los ojos son como carbones de fuego. Es grande, grande. En su cabeza, en su cuello, en sus alas, en los codos de sus alas y en su espalda yacen unas plumas llamadas *quauhtapalcatl.* <A continuación sigue la enumeración de siete variedades adicionales de plumas con nombre.>.... El águila es intrépida, valiente;... puede mirar hacia adentro, puede enfrentar el sol.... Es ceniza, marrón. Bate sus alas,... constantemente se acicala (CF, p. 40).

Esta descripción parece señalar al Águila Real, aunque el nombre, sin modificaciones, podría extenderse a varias especies de gavilanes grandes...

> Se llama *itzquauhtli* porque las plumas de su pecho, de su espalda son muy hermosas; brillan como manchadas de oro, y se llaman *quauhxilotl.* Sus alas, su cola están manchadas de blanco;.... y se llama *itzquauhtli* porque es una gran ave rapaz. Depreda, mata a los ciervos, a las fieras.... Puede matar serpientes muy gruesas y puede matar cualquier tipo de pájaro que vuele en el aire. Se los lleva adonde quiere ir a comérselos (CF, p. 41).

Figura 32. CUĀUH-TLI, Águila Real (Dibble & Anderson, 1963, Figura 114, después de Paso y Troncoso).

MIX-CŌĀ-CUĀUH-TLI, cf. MIX-TLI "nube", CŌĀ-TL "serpiente" (Karttunen, 1983, pp. 36, 149), Águila Elegante (*Spizaetus ornatus*) (Figura 33):

> ... es moreno, su rostro está adornado.... No es muy grande; de tamaño medio, algo parecido al juagolote que vive aquí. Se llama *mixcoaquauhtli* porque en la parte de atrás de su cabeza están sus plumas, plumas pareadas formando el colgante de su cabeza. Es blanco a través de los ojos, unido, tocando el negro; así se adorna el rostro.... Vive en todas partes y también es un ave rapaz (CF, p. 41, también Figura 122).

Figura 33. MIX-CŌĀ-CUĀUH-TLI, Águila Elegante (ML434456861, foto de Sergio Andrés Cuellar Ramírez de la Macaulay Library).

Martín del Campo identificó a esta rapaz como el "gavilán cangrejero", ahora conocido como Aguililla Negra Menor (*Buteogallus anthracinus*). Sin embargo, esa especie carece de las plumas de la cresta que distinguen a esta especie. La única ave rapaz que encaja con esta descripción y que reside en el centro de México es la Águila Elegante, los detalles del "adorno" facial también combinan mejor con el Águila Elegante que con la Aguililla Negra Menor. El Águila Arpía (*Harpia harpyja*) también tiene cresta, pero es más grande que la Águila Real y, al menos en los últimos años, está restringida a las tierras bajas del Atlántico desde el norte hasta el sur de Veracruz y hasta Chiapas. Si los aztecas hubieran conocido tal ave, parece muy probable que la hubieran nombrado aquí.

IZTAC-CUĀUH-TLI, literalmente, "gavilán/águila blanca", tal vez el Aguililla Cola Blanca (*Geranoaetus albicaudatus*): "Tiene [plumas] escasas que son cenizas; le falta plumón; es muy calizo. El pico es amarillo, las patas son amarillas" (CF, p. 40, ver también Figura 116). Dos especies bien podrían encajar con esta descripción, por breve que esta sea. La Aguililla Blanca (*Pseudastur albicollis*) es llamativa, de un blanco casi inmaculado; es residente de las tierras bajas del Atlántico desde el norte hasta el sur del estado de Veracruz, Chiapas hasta Belice. El Aguililla Cola Blanca es blanca por debajo y en la cola, pero por el resto del cuerpo es gris. Su distribución es más amplia que la Aguililla Blanca y puede ocurrir en elevaciones medias en todo el centro de México. La Aguililla Real (*Buteo regalis*) es también blanco en gran parte del cuerpo en la parte inferior y por la cola. Es un visitante de invierno del norte de México. No se puede estar seguro, pero sospecho que el Aguililla Cola Blanca es la candidata más probable.

YOHUAL-CUĀUH-TLI, literalmente, "águila nocturna", posiblemente el Pájaro Estaca Norteño (*Nyctibius jamaicensis*): "Es lo mismo que el IZTAC-CUĀUH-TLI. Se le llama 'águila nocturna' porque no aparece mucho durante el día, pero de noche come, se alimenta de [sus víctimas]" (CF, p. 40, véase también la Figura 117). Debo admitir que la identidad de esta ave es un gran enigma. No puedo pensar en ningún búho (Strigiforme) o chotacabras (Caprimulgidae) que pueda compararse con un gran gavilán, y ningún gavilán que pueda ser nocturno. El Pájaro Estaca Norteño tiene una envergadura de 0,91 a 1,02 m, el doble que el Chotacabras Menor (*Chordeiles acutipennis*), este es el posible candidato, ya que la envergadura de la Aguililla Cola Blanca es de 1,24 a 1,37 m (Howell & Webb, 1995, pp. 201, 383).

TLACO-CUĀUH-TLI, literalmente, "halcón/águila media", quizás el Gavilán Rastrero (*Circus hudsonius*): "También se le llama *chienquauhtli* [CHIYAN-CUAUH-TLI, literalmente '*chia*-águila']. Se parece a un <COHUIX-IN, Rascón Azteca>. Tiene un pico amarillo, tiene patas amarillas" (CF, p. 40, ver también Figura 118). Martín del Campo identificó a esta especie como el Gavilán Rastrero (entonces conocido como "gavilán pantanoso"). Cómo podría esta especie parecerse a un rascón azteca <o un "chorlito gris", como sugirió Martín del Campo> es un enigma. Tenga en cuenta también que el Gavilán Rastrero también se le atribuyó el término TLOH-CUĀUH-TLI, literalmente, "halcón-águila", quizás por error (ver más abajo). Sin embargo, esta especie habría sido un migrante común y conspicuo visitante de invierno en los humedales del Valle de México y, por lo tanto, por eso, es probablemente que haya sido nombrada.

Ā-CUĀUH-TLI, literalmente, "águila de agua/halcón", posiblemente el Gavilán Zancón (*Geranospiza caerulescens*): "Es de tamaño medio, no muy grande. El agua es su hábitat. Depreda, y se come las aves acuáticas" (CF, p. 41, ver también Figura 119). Se podría suponer que se trata del Águila Pescadora, pero esa especie se llama Ā-ITZ-CUĀUH-TLI y se describe detalladamente a continuación. ¿Qué otra rapaz podría encajar en esta descripción? Yo voto por el Gavilán Zancón, dadas sus preferencias de hábitat: "Manglares, bosques pantanosos, bosques espinosos, áreas semiabiertas… en su mayoría cerca del agua…. [nivel del mar hasta 1500 metros] en ambas vertientes [del norte de México al sur]" (Howell & Webb, 1995, pp. 189–190).

Ā-ITZ-CUĀUH-TLI, literalmente, "águila real de agua", Águila Pescadora (*Pandion haliaetus*):

> Es como la Águila Real…. Se llama *aitzquauhtli* porque cuando va volando alto, si quiere comer, de allí baja como un rayo. Cuando desciende, va zum-

> bando, de repente se sumerge en el agua; se apodera de lo que desea comer, tal vez un pez... (CF, p. 41, ver también Figura 121).

Esta solo podría ser la Águila Pescadora, que anida a lo largo de las costas mexicanas y se distribuye en invierno por las tierras altas del centro de México.

COZCA-CUĀUH-TLI, literalmente, "águila amarilla", tal vez el Caracara Quebrantahuesos (*Caracara plancus*): "Está ahumada. Las alas son curvas, parecidas a las de un águila. El pico es curvo" (CF, p. 42, ver también Figura 123). Martín del Campo identificó a esta ave como el Zopilote Rrey (*Sarcoramphus papa*). Sin embargo, esto parece lo más improbable, es más probable que el Zopilote Rey sea tratado como un pariente o una especie de TZOPĪLŌ-TL. Tiene un tamaño sobresaliente, casi la envergadura del ala del águila real, y con un plumaje muy característico. Es raro lejos de su hábitat de bosque tropical de tierras bajas, aunque con una distribución histórica algo más amplia (Howell & Webb, 1995, p. 176). Me inclino a equiparar esta descripción con el caracara, que es una rapaz muy extendida y bastante familiar que de otro modo no sería reconocida.

A continuación, el *Códice* enumera siete "aves rapaces" que no se llaman "águila" ni "halcón": el halcón reidor, el zopilote, el búho, el "búho de hierba", el cuervo, el jabirú (*sic.*) y la gaviota de Franklin. Estas aves cazan o se alimentan de carne o carroña y, por lo tanto, se les considera emparentadas con las verdaderas aves rapaces.

HUAC-TLI$_2$, onomatopéyico, Halcón Guaco (*Herpetotheres cachinnans*):

> Se parece al <caracara, no al "zopilote rey", como sugería Martín del Campo>. Canta de esta manera: a veces se ríe como un hombre; como un hombre que habla puede pronunciar estas palabras: *yeccan, yeccan, yeccan*. Cuando se ríe, dice *ha ha ha ha ha, ha hay, ha hay, hay hay, ay*. Especialmente cuando encuentra su comida, realmente se ríe <cf. clip de sonido de Adam Betuel, ML436679641 de la Macaulay Library> (CF, p. 42).

No puede haber ninguna duda de que este es el Halcón Guaco, un residente conspicuo y común en elevaciones bajas a medias en todo México. Su nombre es un homónimo de la Garza Nocturna (ver arriba), una coincidencia del parecido entre sus características vocalizaciones.

TZOPĪLŌ-TL, se trata del Zopilote Común y el Zopilote Aura (*Coragyps atratus* y *Cathartes aura*): "Es negro, negro sucio, cabeza roja, patas calizas. Toda su comida es lo que ha muerto, apestoso, asqueroso" (CF, p. 42). Parece que los aztecas tenían la misma opinión que nosotros sobre los zopilotes. El Zopilote Aura es, por supuesto, el *Cathartes aura* y es claramente el ave ilustrada en el *Códice* (Figura 125). Sin embargo, la versión española es más sugestiva del Zopilote Común *Coragyps atratus*: "Son negras.... Andan en bandas,.... Andan cerca de los pueblos" (García Quintana & López Austin, 1988, p. 706). El término vernáculo contemporáneo, *zopilote*, se refiere en particular al Zopilote Común (Martín del Campo, 1940, p. 402). Aparentemente, los aztecas no distinguieron claramente a estos dos zopilotes comunes.

TECOLŌ-TL, onomatopéyico, Búho Cornudo (*Bubo virginianus*):

> Es redondo, como una pelota.... Los ojos son como espirales de rueca; brillante. Tiene cuernos de plumas. La cabeza es como una bola, redonda; las plumas gruesas, pesadas. Está cegado durante el día. Nace en peñascos, en árboles. Se alimenta de noche, porque ve especialmente bien en la oscuridad. Tiene una voz profunda cuando ulula; dice *tecolol tecolo, o, o, o* (CF, p. 42).

Los "cuernos de plumas" y las vocalizaciones destacan al Búho Cornudo, el más extendido y poderoso de los búhos mexicanos. Es probable que otras especies de búhos también se llamaron *tecolotl,* aunque ninguno, con solo tres excepciones, el Búho Cara Blanca y/o el Tecolote Llanero y la Lechuza de Campanario, parecen haber sido distinguidos por los aztecas con un nombre. "Tecolote" es el nombre en español contemporáneo para "búhos" en general, derivado del náhuatl (Schoenhals, 1988, pp. 475–476).

ZACA-TECOLŌ-TL, literalmente, "búho de hierba", posiblemente, el Búho Cara Blanca y/o el Búho Sabanero (*Asio clamator y/*o *A. flammeus*): "Es pequeño, manchado como una codorniz, solo que también es como el *tecolotl.* Se llama çacateolotl porque nace en los pastizales" (CF, p. 42). Martín del Campo lo identificó como el Tecolote Llanero (*Athene canicularia*), lo que parece bastante razonable, excepto que es un ave aparentemente diferente, TLĀL-CHI-CUA-TLI, se describe con gran detalle, sin dejar dudas de que esa ave es el Tecolote Llanero (ver más abajo). Asumiendo que estos dos nombres contrastan, me inclino a identificar este "búho de hierba" como el residente de las tierras bajas, el Búho Cara Blanca, o el visitante de invierno, el Búho Sabanero, los cuales habitan característicamente en las sábanas y pantanos (Howell & Webb, 1995, pp. 368–369).

CĀCĀLŌ-TL, onomatopéyico, el Cuervo Común (*Corvus corax*):

> También se llama *calli* y *cacalli.* Es muy negro, muy color carbón, un negro bien texturado: muy negro.... Es un comedor de mazorcas de maíz maduras, de tunas <frutos de nopal>, de ratón, de carne. Almacena cosas... amontona las mazorcas de maíz maduras dentro [de los huecos de] los árboles (CF, p. 43, ver Figura 128).

Ciertamente, éste no podría ser otro que el cuervo grande o Cuervo Común, muchas veces erróneamente llamado en inglés "crow" (*Corvus brachyrhynchus*) el "cuervo noteamericano". Sin embargo, esos cuervos chicos son desconocidos al sur del norte de México, mientras que el Cuervo Común se distribuyen por todo México.

Ā-CĀCĀLŌ-TL, literalmente, "cuervo de agua", el Ibis Ojos Rojos, se trata en la parte superior con las aves acuáticas.

PIPIXCAN, Gaviota de Franklin (*Leucophaeus pipixcano*). Esta ave también se considera en las aves acuáticas.

Después del anterior desvío, volvemos a las verdaderas aves rapaces, los halcones, más posiblemente un azor y un aguilucho. Tenemos más nombres aquí de los que sabemos qué hacer con ellos, el caso de:

TLOH-TLI$_1$/TO-TLI$_1$, halcón en general (especies del género *Falco*) y otros halcones pequeños (Accipitridae en parte). Este término sirve como raíz para los nombres binomiales, a su vez considerada como una categoría genérica, en especial para siete especies de aves rapaces. En su caso, este término sin modificar, también puede nombrar al halcón prototípico, que para los aztecas parece haber sido el halcón de la pradera (ver más abajo).

TLOH-TLI$_2$/TO-TLI$_2$, Halcón Mexicano (*Falco mexicanus*): "También su nombre es *totli*. Es cenizo. Es un cazador, un ave de rapiña; un zumbido; un carnívoro. Su pico es puntiagudo, curvo; verde, verde oscuro. Sus patas son de color verde oscuro" (CF, p. 43). Actualmente el Halcón Mexicano se encuentra al sur de las tierras altas del norte de México, se reproduce al sur de Durango y San Luis Potosí e inverna al sur hasta Jalisco e Hidalgo, justo al norte del Valle de México. En tiempos de los aztecas, tal vez, era un visitante habitual más al sur. En cualquier caso, de los halcones que ahora se sabe que frecuentan las tierras altas del centro de México, esta especie y el Halcón Peregrino son los más "carismáticos". Como argumento a continuación, es probable que el peregrino se llame CUĀUH-TLOH-TLI, en contraste con el prototipo genérico.

TLOH-CUĀUH-TLI/TLĀCO-TLO-TLI, literalmente, "halcón-águila" o "halcón bastón", probablemente el Gavilán Azor Americano (*Accipiter atricapillus*): "También es llamado *tlacotlotli*. Es grande, cenizo. Caza conejos" (CF, p. 43). Martín del Campo identificó a esta especie como el Gavilán Rastrero conocida como "aguililla pantanosa", aunque previamente a esa especie se le había asignado otra categoría, TLACO-CUĀUH-TLI, un tipo de "águila". Me gustaría sugerir una identificación alternativa, como el Gavilán Azor Americano; el Gavilán Rastrero no cazaría conejos, ya que busca ratones en pantanos y praderas y carece de poder.

El azor es un residente de las tierras altas boscosas del noroeste de México al sur de Guerrero. Es una rapaz poderosa que "caza... urogallos, conejos y ardillas, lanzando ataques explosivos una vez que se avista la presa" (Sibley, 2014, p. 129). Este estilo de caza parece más al de un halcón, que la persecución pausada del Gavilán Rastrero. La versión española en la *Historia General* apoya esta interpretación, equiparándola con "azores como los de España" (García Quintana & López Austin, 1988, p. 402).

CUĀUH-TLOH-TLI/TLOH-CUĀUH-TLI, literalmente, "águila/halcón"/"halcón-águila", el Halcón Peregrino (*Falco peregrinus*) (Figura 34):

> Asimismo [se llama] *tloquauhtli.* La gallina es algo grande y el gallo algo pequeño. La gallina es una gran cazadora. Se llama halcón. Tiene un pico amarillo; sus plumas son todas de color gris oscuro; hay doce [plumas] en su cola. Sus patas son amarillas. Cuando caza, [lo hace] solo con sus garras. Cuando va volando sobre pájaros,... sólo trata de agarrarlos con sus garras.... Y si <el *quauhtlotli*> logra atrapar a uno, inmediatamente agarra [a la víctima] por el pecho; luego le perfora la garganta. Bebe su sangre; lo consume todo... primero le arranca las plumas al pájaro.... Da a luz a sus crías en lugares inaccesibles; anida en las aberturas de los riscos. Tiene solo dos crías.... Y este halcón da vida a Uitzilopochtli <"Colibrí zurdo", dios gue-

Figura 34. CUĀUH-TLOH-TLI, Halcón Peregrino (Dibble & Anderson, 1963, Figura 133, por Francisco Del Paso y Troncoso).

> rrero patrono del pueblo azteca> porque, decían, estos halcones... cuando comen... como si dieran de beber al sol (CF, pp. 43–44).

Los aztecas también capturan vivas a estas aves, esta es una descripción digna de los mejores escritores de historia natural.

COZ-TLOH-TLI, literalmente, "halcón amarillo", el Cernícalo Americano (*Falco sparverius*): "Es bastante pequeño. Y el gallo se llama <en español> *tuercuello*. Se le llama "halcón amarillo" porque sus plumas son amarillas" (CF, p. 44). La versión española en la *Historia General* es un poco más explícita: "Ay también cernícales como los de España, y su color es como el color de los de España." (García Quintana & López Austin, 1988, p. 707). Pero en este caso, solo se puede tratar del Cernícalo Americano, que se parece mucho al cernícalo europeo (*Falco tinnunculus*).

ECA-TLOH-TLI, literalmente, "halcón dios del viento", el Halcón Fajado (*Falco femoralis*) (Figuras 35 y 36): "Es lo mismo que el halcón. Se llama *ecatlotli* porque su cara está cruzada de blanco. Sus plumas son algo oscuras. Caza de la misma manera ya mencionada [del halcón peregrino, mencionado anteriormente]" (CF, p. 44). Este debe ser el Halcón Fajado, ahora bastante raro en el norte de México, pero históricamente su distribución se extendía a las tierras altas del centro de México (Howell & Webb, 1995, pp. 216–217). Este halcón muestra la distintiva y contrastante línea blanca de los ojos que cruza la corona negra, sugestiva del dios del viento azteca, EHĒCA-TL (ver Figura 36 a continuación), un patrón de denominación que también se encuentra con un colibrí y un pato (ver arriba).

Figura 35. ECA-TLOH-TLI, Halcón Fajado (ML432785111, foto de Dave Beeke de la Macaulay Library).

Figura 36. EHĒCA-TL, el dios del viento.

ĀYAUH-TLOH-TLI, literalmente,*"halcón de nube"*, probablemente otro nombre para el Halcón Peregrino (*Falco peregrinus*):

> Su nombre es [también] "*moralo*" [aparentemente del español, que significa desconocido]. Este se llama *ayauhtlotli* porque caza y ataca en las nubes. Todo lo dicho del halcón <el halcón peregrino> es lo mismo ... excepto que sus plumas son bastante cenizas, como las plumas de la <grulla canadiense> (CF, p. 44).

Como la coloración del plumaje varía según el sexo, la edad y la subespecie, es probable que este sea un nombre alternativo para el Halcón Peregrino, conocido por cazar a sus presas desde las alturas.

IZTAC-TLOH-TLI, quizás otro nombre para el Halcón Mexicano (*Falco mexicanus*):

> Su nombre es [también] *sacre* <del español para el halcón sacre, *Falco cherrug*, que se parece mucho al Halcón Mexicano>. Es grande y alto, muy fuerte. No caza muchos patos; hace la guerra contra liebres, conejos, guajolotes y gallinas. Se le llama "halcón blanco" porque sus plumas son pálidas rayadas de blanco. Siempre caza [su presa] de día, ... Sus patas son amarillas (CF, p. 44).

ITZ-TLOH-TLI/ĀCA-TLOH-TLI/TLETLEUH-TZIN, literalmente, "halcón de obsidiana", "halcón de los juncos" y "pequeño esmerejón", quizás el Halcón Murcielaguero (*Falco rufigularis*).

> O bien [se llama] "halcón de los juncos". Su nombre es [también] *gavilán*. Se le llama "halcón de juncos" o "halcón de obsidiana" porque su pico es bastante largo y angosto, como una punta de obsidiana. Sus plumas son bastante ahumadas, oscuras. Y su cola es algo larga, blanca mezclada [con negro] .... Su nombre también es *tletleuhtzin*. Es pequeño, audaz; un zumbido; un ave de rapiña (CF, pp. 44–45).

El sinónimo aquí, TLETLEUH-TZIN, con el sufijo honorífico usado como diminutivo -TZIN, parece contrastar con uno de los nombres alternativos del Halcón Esmerejón, TLETLEUH-TON (ver más abajo), aunque TŌN-TLI también sugiere un tamaño pequeño (Karttunen, 1983, pp. 247, 314). La descripción del pico es extraña, ya que tanto el pico del Halcón Murcielaguero como el del esmerejón tienen la forma típica de un halcón. De tratarse del Halcón Murcielaguero, YOHUAL-TLOH-TLI, literalmente significaría, "halcón nocturno" el cual, sería un sinónimo más. Parece haber una proliferación de nombres para los halcones con quizás alguna "sobre diferenciación" como lo menciona Berlin (1992).

YOHUAL-TLOH-TLI, literalmente, "halcón nocturno", probablemente el Halcón Murcielaguero (*Falco rufigularis*): "Es lo mismo que un halcón <TLOH-TLI>. Se llama *youaltlotli* porque ve en la oscuridad: puede cazar, puede herir a su presa" (CF, p. 45). Como no hay halcones verdaderamente nocturnos, Martín del Campo sugirió que podría tratarse del Chotacabras Menor (*Chordeiles acutipennis* de la familia Caprimulgidae), que, aunque es nocturno, acecha insectos y nunca "golpearía a su presa". El Halcón Murcielaguero, como su nombre lo indica, caza a sus presas características al anochecer, por lo que podría haber sido visto como un "halcón nocturno". Si es así, ITZ-TLOH-TLI, ĀCA-TLOH-TLI y TLETLEUH-TZIN, literalmente, "halcón de obsidiana", "halcón de juncos" y "pequeño" esmerejón serían sinónimos.

NECUILIC-TLI/NECUILOC-TLI/ECA-CHICHIN-QUI/CENOTZ-QUI/TLETLEUH-TON, el Halcón Esmerejón (*Falco columbarius*):

> —también *necuiloctli,* o *cachichinqui* [literalmente, "chupa-aire"]; y lo nombran *cenotzqui* <literalmente, "llama la helada"> y *tletleuhton* <literalmente, "fuego pequeño">. Es de tamaño medio. El pico es puntiagudo, pequeño y puntiagudo. Es un devorador de ratones, de lagartijas, de çacacilin <aves no identificadas, aunque tal vez "gorriones" o aves pequeñas, ZACA-TLA-TLI/ ZACA-TLA-TON, literalmente "comedores de hierba", ver más abajo>. Es un aspirador de aire. Es [manchado] amarillo y negro. Cuando ha comido, aspira aire; se dice que así obtiene agua. Y por el viento sabe cuándo está por llegar la helada. Entonces empieza a cantar (CF, p. 45).

Martín del Campo identificó a es ta especie de múltiples nombres como el Halcón Esmerejón. Ya que el esmerejón es una especie común migratoria de invierno, la asociación con las heladas parece apropiada (Martín del Campo 1940:403). En este caso, el modificador prefijado ECA- se refiere a su asociación con los vientos, no por ninguna semejanza con la imagen del dios del viento, EHECA-TL, como era el caso del pato, el colibrí y el halcón que tenían nombres similares. Nótese también que lo que creo que es el Halcón Murcielaguero puede llamarse TLETLEUH-TZIN, el sufijo –TZIN transmite un sentido honorífico o diminutivo (Karttunen, 1983, p. 314).

Para recapitular la nomenclatura de "halcón": hay dos nombres que creo se aplican al Halcón Mexicano, IZTAC-TLOH-TLI "halcón blanco", más el genérico TLOH-TLI$_2$ "halcón", del cual es el prototipo. Hay tres nombres para el Halcón Peregrino, CUĀUH-TLOH-TLI "águila-halcón", TLO-CUĀUH-TLI "halcón-águila" y ĀYAUH-TLOH-TLI "halcón de nubes". Hay cuatro nombres para el Halcón Murcielaguero, ITZ-TLOH-TLI "halcón de obsidiana", ĀCA-TLOH-TLI "halcón de juncos", TLETLEUH-TZIN "pequeño esmerejón" y YOHUAL-TLOH-TLI "halcón nocturno". Finalmente, tenemos cuatro sinónimos para el esmerejón, NECUILIC-TLI, ECA-CHICHIN-QUI "chupador de viento", CENOTZ-QUI "llama la helada" y TLETLEUH-TON "fuego pequeño". Una multiplicidad de nombres a menudo indica un valor cultural excepcional. También es interesante notar que dos especies sirven para unir la distinción entre "águila" (CUĀUH-TLI) y "halcón" (TLOH-TLI). El Halcón Peregrino puede ser conocido como CUĀUH-TLOH-TLI "águila-halcón", mientras que el ave que he identificado como el Gavilán Azor Americano puede ser conocido como TLOH-CUĀUH-TLI "halcón-águila". El Halcón Peregrino y Gavilán Azor Americano parecen ser los más adecuados para este papel que une los dos tipos básicos de aves rapaces.

Aparentemente, como una ocurrencia tardía, el *Códice* agrega al verdugo a este cuarto párrafo, "que habla de todas las aves [de rapiña]". Es un "pájaro cantor" inusual que es un cazador muy eficaz de presas pequeñas.

TETZOMPAH/TETZOMPAH MĀMANA, Verdugo Americano (*Lanius ludovicianus*) (Figura 37):

> Sus alas son una mezcla de blanco [y negro]. Su pico es puntiagudo, como un punzón de metal. Se llama *tetzompa* porque, cuando se ha alimentado, cuando se ha saciado, empala su presa – ratones, lagartijas – en árboles [y] en hojas de maguey <las hojas espinosas de los agaves, también conocidas como "plantas del siglo"> (CF, p. 45) (Figura 37).

El Verdugo Americano es famoso por este comportamiento de almacenar a sus presas entre espinas o ramas punzantes. Es un residente común a través de todo México hasta el sur del Istmo de Tehuántepec.

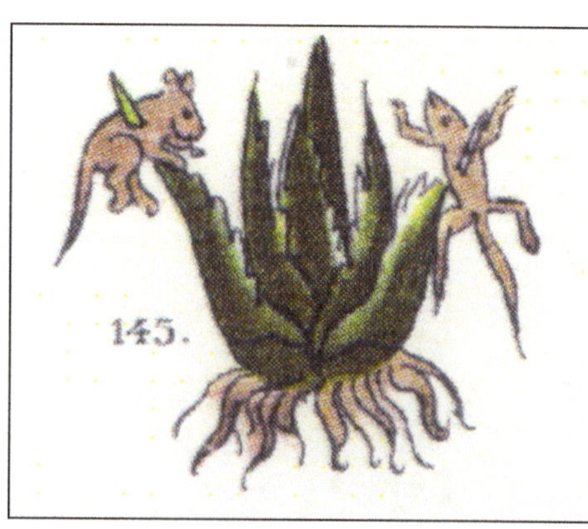

Figura 37. Empalando a la presa [TETZOMPAH, Verdugo Americano con presa en una agave] (Dibble & Anderson, 1963, Figura 145, según Paso y Troncoso).

"Quinto Párrafo," Diversas aves

Pasando al "Párrafo Quinto, se habla de otras especies de aves, de cualquier especie". No está claro qué lógica de asociación podría explicar esta lista; la mayoría son relativamente pequeños, aunque muchos se destacan por sus colores brillantes, vocalizaciones notables o comportamientos distintivos.

XOCHI-TŌTŌ-TL, literalmente, "pájaro de flores" la Calandria Flancos Negros (*Icterus abeillei*): "su garganta, pecho, vientre son amarillos: como flores, bien texturizado. Tiene una banda para la cara. Su cabeza, espalda, alas, cola son [negras] mezcladas con blanco, en línea ondulada. Sus patas son negras" (CF, p. 45). Martín del Campo la identificó como la "Calandria Cejas Naranjas", que desde entonces ha sido "dividida" taxonómicamente, con la forma residente del centro de México reconocida como una especie distinta, la descripción de La Calandria Flancos Negros, la considero acertada.

Ā-YACACH-TŌTŌ-TL, onomatopéyico, matracas del género *Campylorhynchus*: "Es rojizo. Se llama *ayacachtototl* porque su llamada, que hace cuando canta, es *cha cha cha cha, shi shi shi shi, charechi, charechi, cho cho cho cho*" (CF, p. 46). Martín del Campo la identificó como la Matraca Tropical (*Campylorhynchus zonatus*). Esta especie en particular vive en la vertiente del Atlántico y bien podría haber sido conocida por los escribas aztecas; sin embargo, varias de las otras especies residentes de este mismo género—igualmente ruidosas y conspicuas—podrían haberse incluido sin distinción como: la Matraca Barrada (*C. megalopterus*), Matraca Nuca Canela (*C. rufinuca*), Matraca Serrana (*C. gularis*), Matraca del Balsas (*C. jocosus*) y la Matraca del Desierto (*C. brunneicapillus*). Yo prefiero la opción de equiparar este nombre con todo el género *Campylorhynchus*, en lugar de referirse a una sola especie.

TACHITOHUIYA, onomatopéyico, quizás el Vireón Esmeralda (*Vireolanius pulchellus*) (Figura 38):

> Es pequeño y verde, pequeño y redondo; un compañero del leñador. Se llama *tachitouya* por su canto, porque su canto dice *tachitouya*. A quien ve, va con él, mientras va cantando; va haciendo [el sonido] *tachitouya* (CF, p. 46).

No hay escasez de pequeñas aves verdes de los bosques en México, aunque pocas encajarían en la descripción. Las llamadas de este pájaro se han descrito como "un canto monótonamente repetido, cantando *chew, chew, chew o chewy, chewy, chewy*" (Howell & Webb, 1995, p. 626) (cf. clip de sonido de Daniel Garrigues, ML 437064121). En mi experiencia, los víreos a menudo parecen estar siguiéndote, cantando constantemente en las copas de los árboles.

Figura 38. TACHITOHUYA, Vireón Esmeralda (ML428104811, foto de William Hemstrom de la Macaulay Library).

CUAUH-TOTOPO-TLI, literalmente, "perforador de árboles", el Carpintero Cheje (*Melanerpes aurifrons*):

> También su nombre es *quauhchochopitli* <"pica-árboles">, y su nombre es *quauhtatala* <"golpeador de árboles">. El pico es puntiagudo, puntiagudo como un clavo, fuerte, rugoso, como la obsidiana. Es cenizo claro; ágil; un trepador de árboles; un saltador de árboles: un perforador de agujeros en los árboles, ... Su alimento son los gusanos; destruye a los insectos cuando perfora los árboles. Allí anida (CF, p. 46).

Martín del Campo lo identificó como el Carpintero Cheje, una especie común y conspicua en todo el centro de México. Esta especie bien puede ser el pájaro carpintero prototípico, pero el nombre también puede haberse aplicado a otras especies de pájaros carpinteros, como el Carpintero Enmascarado (*Melanerpes chrysogenys*), Carpintero del Balsas (*M. hypopolius*) y Carpinterillo Mexicano (*Dryobates scalaris*), todo lo cual podría haber sido descrito como "cenizo claro". Otros pájaros carpinteros comunes son predominantemente negros, marrones u oliva, pero por lo demás encajan a la perfección.

POXACUA-TL, literalmente, "tonto", el Tapacaminos Cuerporruín Mexicano (*Antrostomus arizonae*): "Es como la lechuza común; se parece a la lechuza común. Es pequeño, plumoso. Mientras vuela, solo vuela erráticamente. Por eso se llama *poxaquatl.* Amarillo oscuro,... en la superficie de sus plumas" (CF, p. 46). Es muy probable que este sea el Tapacaminos Cuerporruín. Otros "chotacabras" (Caprimulgidae) también se ajustan a la descripción, pero son menos comunes y tienen una distribución más restringida. Estos podrían haber sido incluidos dentro de la extensión conceptual de esta categoría.

HUITLALO-TL, la Pava Cojolita (*Penelope purpurascens*): "Vive en el bosque, como el guajalote salvaje [*quauhtotol*]. Es ahumado, ennegrecido. Tiene cresta, pero su cresta es sólo de plumas" (CF, p. 46). Los detalles parecen encajar muy bien con la Pava Cojolita.

CHICUA-TLI/TAPAL-CATZOTZON-QUI/CHICH-TLI, la Lechuza de Campanario (*Tyto furcata*):

> Tiene plumas gruesas, ojos como líneas espirales como espirales de una rueca, un pico curvo que está descuidado, esponjoso. Sus plumas son cenizas, manchadas como las de una codorniz. Es de cabeza redonda, cola corta y alas redondas. Los ojos brillan de noche; son débiles durante el día. Es un viajero nocturno que ve de noche; se alimenta, vive de la caza. De día está cegado por la luz.... Come ratones [y] lagartijas. Le araña a uno.... Se llama *tapalcatzotzonqui* porque su llamada es como si uno golpeara pedazos de barro de la olla, o como si los sacudiera. Así suena (CF, pp. 46–47).

Esta es sin duda la Lechuza de Campanario, un residente común en todo México. La vocalización del cascabel o "gorjeo" es dada por los machos entregando comida al nido.

TLĀL-CHICUA-TLI, literalmente, "lechuza común de la tierra", el Tecolote Llanero (*Athene cunicularia*):

> Es lo mismo que la lechuza común. Es pequeño. Por esta razón se llama *tlalchi-quatli:* su nido está en un hoyo, bajo tierra, donde pone huevos, se sienta, sale del cascarón. Sólo en un agujero vive; no es un trepador de árboles, sólo un habitante del suelo. Recorre la superficie del suelo cuando vuela (CF, p. 47).

Esta descripción no deja dudas de que el Tecolote Llanero es el designado, su nombre probablemente deriva de TLĀLCHI "sobre o hacia el suelo" o TLĀL-LI "tierra, terreno" (Kaarttunen, 1983, pp. 273, 275). Es obvio que, los escribas aztecas no asociaron al Tecolote Llanero con la lechuza común o que hayan pensado era "el mismo", esa frase servía como abreviatura de "similar". Nótese que también se decía que la Gallineta Frente Roja (CUACHĪL-TON) y la Gallareta Americana (YACA-CIN-TLI) eran "iguales", a pesar de las descripciones contrastantes. Ver ZACA-TECOLŌ-TL anteriormente, que puede (o tal vez no) ser un sinónimo.

ILAMA-TŌTŌ-TL, literalmente, "pájaro anciana", el Rascador Viejita (*Melozone fusca*): "Es cenizo, calizo; de lomo cenizo. Es redondeado, de pico romo. Tiene una pequeña cresta. Su hogar está en todas partes en los asentamientos" (CF, p. 47). Esta ave indescriptible y confusa es parecida a un gorrión esa es la percepción común en los pueblos del norte y centro de México, reemplazada en Oaxaca por su pariente, el Rascador Oaxaqueño (*M. albicollis*).

TLATHUICICI-TLI, onomatopéyico, el Saltapared Barranqueño (*Catherpes mexicanus*):

> Es lo mismo que el <rascador pardo>. Se llama *tlatuicicitli* por su canto. Canta aun estando oscuro, mucho antes del amanecer, comienza a cantar. Como suena su canto, es como si dijera *tlatuicicitli.* Vive en el techo de uno, en la pared de uno. Te despierta (CF, p. 47).

Martín del Campo lo identificó como una especie de troglodita del género*Thryothorus;* por lo que cuatro o cinco especies de ese género podrían haber sido familiares para los escribas aztecas. Sin embargo, en mi experiencia, estos trogloditas se esconden en espesas marañas de maleza y por el contrario, de lo que he observado en Oaxaca, el saltapared barranqueño es común en pueblos y ciudades, buscando insectos en las grietas de las paredes de adobe y debajo de las tejas. Es inconfundible su característico canto y sus regaños: "*ver-ver-ver-syee-syee-syee-syee-syee-syee-syoo-syoo-syoo-syoo, jirr, jirr…*" (Howell & Webb, 1995, p. 561). Esta es una aproximación razonable del simbólico sonido de esta ave (cf. clip de sonido de Brayden Luikart, ML436865601 de la Macaulay Library).

CHĪCUA-TŌTŌ-TL, literalmente, "ave lechuza", el Pradero Tortillaconchile (*Sturnella magna*): "El pico es puntiagudo, el pecho amarillo. Su espalda, alas, cola son cenizas, manchadas como una codorniz, así como su cabeza" (CF, p. 47). Estoy de acuerdo con Martín del Campo en que esta especie encaja mejor con el Pradero Tortillaconchile. Cuando se da la vuelta el pecho amarillo brillante y la banda negra del pecho son invisibles y puede parecer una pequeña lechuza.

ZACA-TLA-TLI/ZACA-TLA-TON, literalmente, "[pequeño] comedor de hierba", encaja con varias especies de gorriones (Emberizidae): "El gorrión pequeño es pequeño y redondo, ahumado. Se llama *çacatlatli* porque vive en pastizales. Se alimenta de la [semilla] de amaranto" (CF, p. 47). Como suele ser el caso de las etnoclasificaciones biológicas, las aves pequeñas e indescriptibles pueden "agruparse" en categorías ampliamente inclusivas. Este es claramente el caso, ya que literalmente docenas de especies de géneros tales como *Peucaea, Aimophila, Amphispiza, Ammodramus, Melospiza*, y *Spizella* entre otros, podrían incluirse aquí, algunos son residentes, otros son migratorios de invierno.

TLAPAL-TŌTŌ-TL, literalmente, "pájaro de tinta roja", Papamoscas Cardenalito (*Pyrocephalus rubinus*): "Su cuerpo, sus plumas son en general de color rojo chile, pero sus alas y su cola son cenizas,.... Es muy rojo chile, del color de chile seco. Es un cantor nocturno .... Cuatro veces, cinco veces en la noche canta" (CF, p. 47). Estoy de acuerdo con la identificación de Martín del Campo de que esta especie es el Papamoscas Cardenalito. Aunque hay varias aves mexicanas de color rojo brillante que se aproximan a esta descripción, se sabe que este mosquero canta de noche, como señaló (Howell & Webb, 1995, p. 505).

CHĪL-TOTOPIL, literalmente, "pájaro chile", posiblemente el Chipe Rojo (*Cardellina rubra*): "Es lo mismo que <es decir, bastante parecido a> el [*tlapaltototl*] .... No tiene sangre; su sangre es sólo como fluido seroso" (CF, p. 48). Martín del Campo lo identificó como el Chipe Rojo. Ciertamente es "rojo-chile", pero no es el único con esta consideración; el sufijo diminutivo, señala un tamaño pequeño, que también se adapta al Chipe Rojo. Esta especie parece ser la candidata más probable. Es común en los bosques de pino-encino del Altiplano Central de México.

MOLO-TL/CUA-CHICHIL/NŌCH-TŌTŌ-TL, el Pinzón Mexicano (*Haemorhous mexicanus*):

> Es calcáreo, cenizo, oscuro; de pico corto; de tamaño entre mediano y pequeño; ágil, saltador; un cantante. Es una curruca [chipe], un hablador. Es capaz de domesticación; se le puede enseñar; se puede criar .... La que es completamente ceniza es la gallina, y el de cabeza roja es el gallo ... porque es cabeza roja se llama *cuachichil* .... Se llama *nochtototl* <literalmente, "pájaro de *tuna*"> sobre todo porque su verdadero alimento es la tuna <fruto del nopal>. Come amaranto [semilla], *chia,* maíz molido ... tratado con cal (CF, p. 48).

CŌCO-TLI/CŌCOH-TLI, onomatopeya, la Tortolita Cola Larga (*Columbina inca*):

> Es pequeña y rechoncha, cerca del suelo. Las alas están manchadas como chia, como codorniz, suave. Las patas son de color rojo chile, cortas. Y es por su canto que se llama *cocotli;* su canto dice, *coco, coco* .... Tiene un solo compañero. Cuando [el compañero] muere, anda siempre como llorando, diciendo: *coco, coco.* Y se dice que destruye la pena, que su carne destruye el tormento y la aflicción. Hacen comer de su carne a los celosos; así olvidarán [sus] celos (CF, p. 48).

Esta ave sigue siendo una presencia reconfortante en todos los pueblos y ciudades de México.

"Sexto párrafo, que habla de otras clases de aves", pero, de hecho, se limita a las codornices

ZŌL-IN/TECU-ZOLIN (el macho)/OHUA-TON (la hembra), la Codorniz de Moctezuma (*Cyrtonix montezumae*):

> Su pico es puntiagudo, de color verde cenizo. Su pecho está manchado de blanco; sus alas se llaman *chia*-manchado. Es un corredor.... Cuando pone huevos, cuando sale del cascarón, pone cuarenta huevos. Eclosiona de hecho cincuenta jóvenes... [*Teuçolín*] es el gallo. Es grande, de pecho ahumado, bien manchado,... con cresta... [*Oatón*]... es pequeño, bastante cenizo, solo un poco manchado. Esta es la gallina. Así anidan: el nido los hace ancho; algunos cilíndricos, para que puedan posarse sobre sus huevos. Y si los hacen anchos, deja que el compañero se siente [con ella].... Se pueden criar, se pueden domesticar (CF, p. 49).

Se continúa mencionando detalles del comportamiento de esta codorniz; cómo la gallina protege a sus crías; cómo son atrapados en trampas. Según Howell y Webb (1995, p. 229), la codorniz arlequín pone de seis a 12 huevos. Sin embargo, las gallinas pueden adoptar crías vecinas, lo que podría haber inspirado el relato azteca. Hay varias especies adicionales de codorniz que podrían haber sido familiares para los escribas aztecas: la Codorniz Escamosa (*Callipepla squamata*), la Codorniz Barrada (*Philortyx fasciatus*) y la Codorniz Cotuí (*Colinus virginianus*). Todas residentes en las tierras altas del centro de México, la Codorniz de Moctezuma prefiere vivir en zonas con mayor elevación y el macho está muy manchado, por lo que es probable que la especie sea el prototipo. La extensión conceptual de esta categoría. podría incluir las otras tres especies.

"Séptimo párrafo, que habla de otras aves, de sus hábitos"

TZANA-TL, el Zanate de Lerma (*Quiscalus palustris*): "Es negro. Su pico es bien curvo" (CF, p. 50). Aunque la descripción es breve, no hay duda de que se trata del Zanate del Lerma. Habitaba los pantanos del altiplano en la cabecera del río Lerma cerca de la actual Toluca. Estos pantanos han sido en gran parte drenados para pastos, cultivo y vivienda, dejando a esta especie sin hogar. Se reportó vivo por última vez ahí en 1910 y se presume extinto (Howell & Webb, 1995, p. 766). Era una versión más pequeña del Zanate Mayor, que se trata a continuación y ahí planteo la posibilidad de que el Zanate de Lerma podría haber descendido de zanates establecidos intencionalmente en el Valle de México, un hábitat bastante atípico para estas aves.

TEŌ-TZANA-TL, literalmente, "zanate sagrado", el Zanate Mayor (*Quiscalus mexicanus*):

> Tiene un pico largo en forma de uña; tiene una cola rayada.... Tiene una buena voz; habla bien, habla agradablemente. La que no es muy negra, pero un poco tiznada, es la gallina; el muy negro, muy curvo de pico, reluciente, es el gallo y se llama *teotzanatl*.... Se llama *teotzanatl* porque no vivió aquí en México en tiempos antiguos. Posteriormente, en tiempo del gobernante Auitzotl apareció aquí en <el Valle de> México. Porque mandó traerlo aquí de [las provincias de] Cuextlán [y] Totonacapan <en la costa de Veracruz> (CF, p. 50).

Sigue un relato de cómo la especie se extendió ampliamente, protegida por el dictado del emperador. Haemig (1978) proporciona una discusión detallada del traslado de estas aves en la antigüedad. Por mi parte, encuentro la apreciación azteca de los talentos vocales de esta especie un tanto en desacuerdo con mi propia reacción al repertorio de este zanate que tiene "fuertes chillidos, clacks, silbidos" (Howell & Webb, 1995, p. 740). Las civilizaciones mesoamericanas establecieron grandes ciudades en el Valle de México, especialmente en Teotihuacán, muchos siglos antes de que los aztecas fundaran su imperio y cuartel general unas millas al sur en Tenochtitlán. Los murales conservados en Teotihuacán documentan la antigüedad de la fascinación mesoamericana por las "ricas plumas" (Berrin, 1988). Por lo tanto, ¿podría el zanate del Lerma, como el zanate mexicano, lejos de su hábitat habitual en las tierras bajas, haber representado una introducción anterior?

COYOL-TŌTŌ-TL, literalmente, "pájaro cascabel" / ĀCA-TZANA-TL, literalmente, "zanate de los juncos", Tordo Sargento (*Agelaius phoeniceus*) y Tordo Cabeza Amarilla (*Xanthocephalus xanthocephalus*), probablemente incluyendo también los tordos del género *Molothrus* en bandadas de migración en invierno:

> Algunos son bastante negros, otros solo ahumados. Habitan entre los juncos; entre los juncos nacen. Se alimentan especialmente del maíz, de los gusanos y de los pequeños insectos que vuelan... [*Coioltototl*] ... es lo mismo que el *acatzanatl*, aunque algunos tienen la garganta, el pecho, las alas y la rabadilla de color rojo chile <el tordo sargento>. Algunos son de pecho amarillo, con curvas blancas en las alas <el tordo cabeciamarillo>. Y muy bueno, muy claro, es su canto, muy parecido a una campana, agradable, dulce <el tordo sargento>. Por eso se nombra *coyoltototl*. En los juncos, en medio de los juncos se sienta, eclosiona (CF, p. 50).

HUĪLŌ-TL, onomatopéyico, Huilota Común (*Zenaida macroura*)

> Tiene un pico delgado y puntiagudo. Es de color tiza-ceniza... la cola es larga. Es un poco alto, de cuello largo. Su alimento son los granos de maíz, *chia,* amaranto, *argemone, lepidium*.... es perezoso Su nido no es más que palos que junta; amontona un poco de hierba en la superficie.... Y sus hábitos son muy parecidos a los *cocotli* <la paloma inca>. Son muy atentos a sus compañeros, a sus gallinas. Y si uno muere, el que queda siempre vive de luto. Y parece llorar constantemente; hace [el sonido] *uilo-o-o.* Y su nombre, *uilotl,* está tomado de su canción, que dice *uilo* (CF, p. 51).

Sigue un relato de un cuento popular que explica el nombre burlón de la paloma, *tlamacazqui* "perezoso." No cabe duda de que se trata de la Huilota Común, el cuento ilustra cómo la gente en todas partes encuentra instrucción moral observando a los pájaros.

TLĀCA-HUILO-TL, literalmente, "señor paloma", la Paloma Común (*Columba livia*): "Es grande, redonda, como una bola. Algunas son cenizas, otros calizos, otras algún verde oscuro, algunos ahumados, algunas rojizas. Es muy parecido al castellano *uilotl*" (CF, p. 51). Martín del Campo identificó esta ave como la paloma de tierra común se conoce como la columbita común (*Columbina passerina*). Aunque, desde mi punto de vista no veo el parecido con la columbita, más bien, dada la diversidad de plumajes anotados y la estrecha comparación con el "castellano *uilotl*", me inclino por la opinión de que esta ave es, en realidad, la Paloma Común introducida, es decir, la "*uilotl* castellana". No parece irrazonable concluir que la Paloma Común, feral en su variedad característica de colores de plumaje bien podrían haberse establecido en la Ciudad de México en 1560.

"Octavo párrafo, que habla de las aves que son canoras"

CUĪTLACOCH-IN/CUĪTLACOCH-TŌTŌ-TL, onomatopéyico, Cuicacoche Pico Curvo (*Toxostoma curvirostre*):

> Tiene patas largas, como patas de palo, muy negras; tiene un pico puntiagudo, delgado y curvo. Es cenizo, color ceniciento oscuro. Tiene un canto, un canto variado.... Es llamado cuitlacochtototl, que es tomado de su canto, porque dice *cuitlacoch, cuitlacoch, tarata, tarat, tatatati, tatatari, titiriti, tiriti*... <cf., clip de sonido de Andrew Theus, ML436112051 de la Macaulay Library>. Es capaz de domesticación; se le puede enseñar. Se reproduce en

> todas partes, en las copas de los árboles, en las aberturas de las paredes. Dondequiera que sea inaccesible, allí se reproduce. Su alimento son los insectos, las moscas, las moscas de agua, la carne, el maíz molido (CF, p. 51).

No hay duda en cuanto a la identidad de esta especie, todavía se le conoce en la actualidad como *cuicacoche* (Schoenhals, 1988, p. 388). La delicia culinaria—el hongo parásito (*Ustilago maydis*) que infesta las mazorcas de maíz—también está conocido como "*huitlacoche/ cuitlacoche*", "excremento de cuervo". Aparentemente, esto es casi una coincidencia, ya que el nombre de esta ave se deriva de *cuīcatl* "canción", en lugar de *cuicatla* "excremento". "Canción" tiene una "ī" larga, "excremento" una "i" corta (https://en.wikipedia.org/ wiki/Corn_smut). Hay que tener cuidado con la pronunciación en náhuatl.

ZENTZON-TLAHTŌLEH, literalmente, "hablante de cuatrocientos", Cenzontle Norteño (*Mimus polyglottos*):

> Es cenizo, un poco oscuro. El pecho es blanco, las alas son blancas mezcladas con rojo. Hay una barra [blanca] sobre los ojos. [El cuerpo] es pequeño y largo. Su lugar de residencia, donde se reproduce, es en el bosque, en lugares inaccesibles. No canta en invierno, solo en verano.... Se llama *centzontlatole* porque se burla de todos los pájaros; también se burla de los juagolotes, de los gallos, de las gallinas. También se burla de los perros (CF, p. 52).

El Cenzontle Norteño encaja a la perfección, aunque algunos han sugerido que esto podría referirse al Clarín Jilguero (*Myadestes occidentalis*), otra famosa ave "diva". Sin embargo, los detalles del plumaje (a excepción del "rojo" en el ala) y la burla apuntan claramente más bien al cenzontle.

MIYAHUA-TŌTŌ-TL, literalmente, "pájaro de la espiga de maíz", el Jilguerito Dominico (*Spinus psaltria*): "También su nombre es *xopan tototl* <literalmente, "pájaro de verano">. Es pequeño, redondo, de color amarillo oscuro. Tiene un canto, un canto suave; es un cantante. Se alegra uno; hace que uno se regocije. Es pequeño, diminuto, diminuto" (CF, p. 52). Creo que este es el Jilguerito Dominico basado en gran parte, por mi experiencia con esta especie en un pueblo de habla zapoteca en Oaxaca, donde este jilguero también era conocido como "pájaro de la espiga de de maíz" (Hunn, 2008). Es un residente común en todo México y coincide con los detalles.

CHIQUIMO-LI/CHIQUIMO-LIN, muy probablemente el Carpintero Imperial (*Campephilus imperialis*) (Figura 39):

> Es tan grande como un *tzanatl*. Es crestado. De color oscuro es su cresta; blanco su pico; negras manchadas de ceniza son sus plumas. Su garganta es amarilla.... Su alimento son los gusanos de los árboles; extrae los gusanos de los árboles. Y anida, se reproduce dentro del árbol; hace un agujero en el árbol.... Y cuando canta, grita mucho, gorjea, a veces como silbando con los dedos; y canta como si fueran muchos pájaros.... Pero cuando parece chillar, está enojado. Por lo que se dice, esto fue tomado como un presagio.... "cuidado, algo nos puede pasar". Pero cuando silbó, dijeron que estaba feliz.... Y cuando hay un altercado, uno es llamado *chiquimolin* por esta razón (CF, p. 52).

Martín del Campo lo identificó como el Carpintero Mexicano (*Dryobates escalaris*), que es una de las especies de carpinteros más comunes y extendidas en el centro de México. Sin embargo, esa especie es pequeña y no tiene cresta, su pico es oscuro, no vocaliza como se describe; claramente, esta es una especie de pájaro carpintero, pero ¿cuál? ¿Hay carpinteros con cresta y pico blanco? El carpintero grande cabecirrojo (*Campephilus guatemalensis*) está muy extendida a lo largo de ambas costas, pero ausente de las tierras altas. Otra posibilidad que me viene a la mente es el Carpintero Imperial (*Campephilus imperialis*), una vez el pájaro carpintero más grande del mundo, considerado actualmente extinto debido a la destrucción del hábitat, ya que se documentó por última vez (¡y filmó!) en 1956 (Lammertink et al., 2011). Sin embargo, se sabe que en tiempos históricos se distribuyó ampliamente por todo el bosque de pino y encino de la Sierra Madre Occidental, desde el estado de Chihuahua al sur hasta Jalisco y Michoacán, casi hasta el Valle de México. Parecería un pájaro que los aztecas no habrían pasado por alto, sus llamados se han registrado como "notas nasales parecidas a trompetas" (Howell & Webb, 1995, p. 766), aunque eso puede ser solo una muestra de un extenso repertorio.

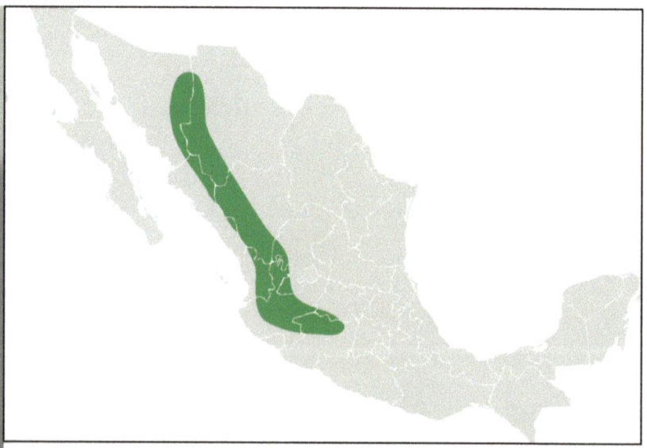

Figure 39. CHIQUIMO-LI, Pájaro Carpintero Imperial (Geller-Grimm, 2003 CC BY-SA 2.5) con su mapa de rango histórico (Clark and Brown, 2020 CC BY-SA 4.0).

CHACHALACAME-TL, onomatopéyico, prototípicamente, la Chachalaca Pálida (*Ortalis poliocephala*):

> Es del mismo tamaño que el *teotzanatl* <zanate mexicano>. Es algo amarillo por todas partes; su cola es mixta [negra y] blanca. Su alimento es fruta; también maíz en grano, maíz molido. Anida en partes inaccesibles de los árboles. Y canta en invierno. Se llama *chachalacametl* porque si varios de ellos se juntan, sólo uno comienza a cantar; entonces todos cantan. Y el cuello es como el cuello de un guajolote, solo que muy pequeño.... Y canta tres veces durante la noche.... Se dice que despierta (CF, p. 53).

Martín del Campo la identifica como la Chachalaca Oriental (*Ortalis vetula*), lo que ciertamente se trata de una especie de chachalaca, conocida hoy en todo México con ese nombre onomatopéyico. Sin embargo, hay tres especies que los aztecas podrían haber encontrado; la Chachalaca Oriental, es un ave de las tierras bajas de la vertiente del Atlántica, es más probable que los escribas aztecas la conocieran más bien como la Chachalaca Pálida (*Ortalis poliocephala*). Sin duda, todas las especies se habrían llamado así en sus respectivos territorios de origen.

"Noveno párrafo, que habla de los guajolotes nativos"

TŌTO-LI/TŌTO-LIN, el Guajolote Norteño doméstico (*Meleagris gallopavo*) (Figura 40):

> Su nombre también es *iuiquen, iuiquentzin* <literalmente, "el del manto emplumado">, y *xiuhcozca* <literalmente, "el del collar turquesa"> es [también] su nombre. Es un habitante de la casa de uno, que puede criarse en la casa de uno, que vive cerca de uno. Las plumas son gruesas, la cola redondeada.... es pesado, no es volador.... Lider por el sabor de su carne; es el maestro.... Algunos guajolotes son ahumados, algunos bastante negros,... algunos blancos, algunos cenizos, algunos leonados, algunos ahumados... <la variación del plumaje indica domesticación>. El gallo, el pavo macho <"HUEHXŌLŌ-TL", literalmente, "viejo sirviente">, es grande, grande y tosco. Tiene sacos de aire, una gran barriga, barbas,... un cuello largo. El cuello esbelto tiene un collar, un cuello-coral. La cabeza es azul;... tiene papada. Los párpados son cilíndricos, hinchados. Tiene una protuberancia redonda, un proceso eréctil. Es un esparcidor de plumas de la cola, las plumas cuando ataca se erizan también. Hace... sonar sus sacos

de aire.... Su protuberancia redondeada es lisa, coriácea,... suave, muy suave. El que odia a otro le da de comer <la protuberancia> en chocolate, en salsa; hace que se lo trague. Se dice que de ese modo lo vuelve impotente (CF, pp. 53–54) (Figura 40).

Figure 40. TŌTO-LIN, guajolotes (Dibble & Anderson, 1963, Figure 170, por Francisco Del Paso y Troncoso).

CUAUH-TŌTO-LIN, literalmente, "guajolote del bosque", el guajolote silvestre (*Meleagris gallopavo*): "Es como el pavo domesticado, aunque un poco ahumado. La curva del ala es blanca.... es un glotón. El pavo [y] la pava... engullen, tosen...". (CF, p. 29). Esta especie fue incluida con las aves acuáticas debido, presumiblemente, al hecho de que el Pelicano Blanco Americano era conocido como el "guajolote-pavo de agua" (ver en el tercer párrafo). Los guajolotes salvajes continúan sobreviviendo en los bosques de las tierras altas del norte de México, aunque se distinguen claramente de sus hermanos cautivos. Martín del Campo sugirió que este término podría aplicarse al Guajote Ocelado (*Meleagris ocellata*) (1940, p. 395). Esa especie es bien conocida por los mayas, pero es desconocida al norte de la península de Yucatán, por lo que es probable que los aztecas no la hayan reconocido.

"Décimo párrafo, que habla de las diferentes partes de las aves"

Los aztecas conocían la anatomía de un ave con gran detalle, en particular, la extensión de las plumas, ya que este conocimiento era fundamental para los trabajadores de arte plumario de los *amanteca*. Se enumeran 16 tipos de plumas del cuerpo con nombre, luego se distinguen seis tractos de plumas de las alas. Se nombran las partes de una pluma. Luego se nombran el ala, la cola, el pico, el ojo, el párpado, la cabeza, el cerebro, el cráneo, el cuello, la lengua, la garganta, el vientre, los intestinos, el buche y la molleja, con algunas variaciones que están anotadas. Finalmente, también se nombran el ovario, la glándula uropigial de la rabadilla y el dedo del pie.

Tener plumas se consideraba la característica definitoria de un "pájaro": "La propiedad, la posesión, que pertenece a todas las diferentes aves y a los guajolotes, son las plumas <IH-HUI-TL>" (CF, p. 54). Se nota que los guajolotes eran aves apreciadas como extraordinarias, como lo muestran los extensos detalles descritos en el Párrafo Nueve.

Se nombran muchas clases de plumas, según sus respectivos tractos de plumas o sus notables valores ornamentales:

> Aquellas <plumas> que aparecen en la cabeza de un quetzal resplandeciente se llaman *quetzaltzinitzcan.* Y las que salen en el cuello se llaman *tapalcayotl;* es *tlapalcayotl* plumas.... Las que aparecen en su vientre y en su espalda se llaman *alapachtli*.... Los que están justo en su piel <"plumas suaves"> se llaman *tlachcayotl*.... Entonces uno se refiere a la *tlach-cayotl* plumas del águila, el guacamayo rojo, la *xomotl* <carpodaco doméstico>. Y las que están al borde de su rabadilla, que cubren la base de la cola <"cobertoras superiores de la cola"> se llaman *olincayotl, poyaualli, poyauallotl* <cf. POYĀHU(A)- "oscurecer" (Karttunen, 1983, p. 204)> (CF, p. 54–55).

ZA-CUAN, QUECHŌL y TZINITZCAN nombran especies particulares de aves, pero también nombran las plumas distintivas de estas "apreciadas": amarillo brillante de la Oropéndola de Moctezuma, rosa apasionado de la Espátula Rosada y verde reluciente de la Coa Mexicana. TZINITZCAN también indica plumas en la cabeza: "Y las que aparecen en sus cabezas, aun las que no son preciosas, se llaman *tzinitzcan*" (CF, p. 54). Parece que los diferentes tipos de plumas pueden distinguirse por su ubicación anatómica, o sus cualidades o la combinación de estas características.

Discusión

Las aves en el contexto cultural azteca

Las aves eran claramente objetos de fascinación y admiración para el pueblo azteca en diversas formas; principalmente, por la apreciación estética de su brillante plumaje y, por sus variadas vocalizaciones que se manifestaban alto y claro, según testimonios del *Códice*. Las aves significaban la fuente de valiosas "plumas preciosas", que entretejidas y exhibidas en atuendos exóticas eran reservadas para la alta nobleza y simbolizaban sus poderes casi divinos. El emperador Mocteuczoma Xocoyotzin, cuyo fatídico encuentro con Hernán Cortés presagió la destrucción de la civilización azteca, se muestra coronado por un tocado de radiantes serpentinas de plumas de cola de Quetzal Mesoamericano de color verde esmeralda radiante enmarcadas por bandas de plumas bien tejidas de color azul cielo de la hermosa Cotinga Azuleja, un rosa pasión de la Espátula Rosada y un color chocolate con leche del Cuclillo Ardilla (ver figura 6, desde el Kunsthistorisches Museum, Wien). Estas plumas exóticas venían como tributo de las provincias sujetas al este y al sur, hasta la actual Guatemala; el tributo, enumera cantidades récord de 400 a 8.000 plumas de este tipo (compartían el esquema de conteo vigesimal mesoamericano) enviadas a la capital azteca (Berdan & Anawalt 1992), para ser transformadas en elaborados trajes por los tejedores profesionales del arte plumario en la región del denominado gremio *amanteca* (AMANTECA-TL).

Aves valoradas por su plumaje (13 y otras 7 implícitas):
Aves de rico (o "precioso") plumaje ("aves de ricas plumas"), enumeradas en el primer párrafo:

- QUETZAL-TŌTŌ-TL, Quetzal Mesoamericano;
- TZINITZCAN-TŌTŌ-TL, Coa Mexicana;
- TLĀUH-QUECHŌL, Espátula Rosada;
- XIUH-QUECHŌL, Momoto Corona Negra;
- XIHUA-PAL-QUECHŌL, Momoto Cejas Azules;
- ZA-CUAN, Oropéndola de Moctezuma [= "calandrias"];

- AYO-CUAN$_1$, Cacique Mexicano;
- AYO-CUAN$_2$, Jacana Norteña;
- CHALCHIUH-TŌTŌ-TL, Mielero Patas Rojas;
- XIUH-TŌTŌ-TL, Cotinga Azuleja;
- XOCHI-TENACAL, Tucán Pico Canoa;
- CUAPPACH-TŌTŌ-TL, Cuclillo Canelo;
- ĒLŌ-TŌTŌ-TL, Picogordo Azul.

Los loros, sus parientes y los colibríes eran claramente apreciados por su plumaje colorido, aunque no se especifica que hayan sido fuente de plumaje decorativo en el Libro 11 del *Códice*. Sin embargo, estas y otras aves se observaron como fuentes de plumas preciosas en otras partes del *Códice*. Las referencias más detalladas aparecen en el Capítulo 12 del Libro Octavo del *Códice*, que detalla "las condecoraciones que los señores de alta nobleza usaban en la guerra". Aquí es claro que "los nahuas asociaban las plumas preciosas con los gobernantes y guerreros", los escribas aztecas describen las plumas de "la Espátula Rosada, el Quetzal, la Cotinga Azuleja, el loro, las calandrias y la garza como las usadas por los gobernantes para ir a la guerra" (Terracino, 2019, p. 49). Diego Durán describió una comida ritual preparada para este propósito:

> Después de formar la masa [de maíz u amaranto] en una *teixiptla,* o imagen de la deidad en forma de persona, colocan un plumón de plumas y un tótem de colibrí en la cabeza, arreglo de plumas llamado *anecuiutl,* un ovillo de plumas de loro en la nuca, un manto emplumado con plumón de águila y un escudo emplumado con plumón de águila (Terraciano, 2019, p. 54).

Se puede agregar las siguientes aves a la lista de aquellas con "plumas preciosas"; aunque se debe mencionar que los loros aparte de ser valorados por sus plumas, también lo fueron por sus vocalizaciones.

- TOZ-NENE, joven de Loro Cabeza Amarilla;
- TOZ-TLI, adulto Loro Cabeza Amarilla;
- ALO, Guacamaya Roja;
- COCHO, Loro Frente Blanca;
- QUILITON, Perico Frente Naranja;
- TLALA-CUEZA-LI, Loro Tamaulipeco;
- HUĪTZITZIL-IN, colibríes en general;
- QUETZAL-HUĪTZIL-IN, Colibrí Multicolor, combinación de colores que recuerda al quetzal;

- XI-HUĪTZITZIL-IN, una especie de colibrí no identificada que destaca por su plumaje turquesa;
- TLE-HUĪTZIL-IN, otro colibrí no identificado con plumas "brillantes, resplandecientes".

Algunas especies adicionales probablemente proporcionaron plumaje ornamental para los artesanos *amanteca* como son:

- AZTA-TL, Garza Dedos Dorados, también conocida como TEO-AZTA-TL, garceta sagrada, de plumaje "intensamente blanco";
- CUĀUH-TLI, águilas y gavilanes grandes en general: "las diferentes águilas… <eran cazadas; las crías capturadas de los nidos y criadas a mano>"
- ITZ-CUĀUH-TLI, Águila Real: "<plumas llamadas *quauhxilotl*> brillan como manchadas de oro…"

Aves comestibles

La capital azteca, Tenochtitlán, fue establecida por los inmigrantes aztecas empobrecidos en el siglo XIV en una isla pantanosa que estaba deshabitada en el lago de Texcoco (ver Figura 1). Recuperaron los márgenes fangosos construyendo *chinampas*, los llamados "jardines flotantes", que rodean el núcleo de la ciudad de templos y residencias de élite. Procedieron a subyugar las ciudades-estado vecinas y, finalmente, como una "triple alianza", extendieron su control por la fuerza de las armas para abarcar gran parte del México contemporáneo. Los escribas aztecas empleados por Sahagún para su proyecto enciclopédico probablemente nacieron y se criaron en o muy cerca de lo que quedaba de Tenochtitlán, esta "Venecia de América", en las décadas posteriores a 1521.

La capital azteca era en realidad una ciudad gemela a Venecia, Tenochtitlán era la división sur, el punto focal de la acción administrativa y ritual, orientada a los grandes templos pareados dedicados a Tetzcatlipoca y Huitziliopochtli. Aquí en grandes ceremonias, se sacrificaban cautivos de guerra para alimentar con sangre al sol; los palacios de la alta nobleza rodeaban este recinto ritual central. La división norte, Tlatelolco, fue el sitio de un gran mercado donde llegaban todo tipo de productos en canoa a través del complejo de canales que unía el mercado central con la multitud de ciudades y pueblos a orillas de los cinco lagos que llenaban el Valle de México. Se estima que la capital azteca albergaba entre 200 000 y 300 000 ciudadanos (Coe, 1962, p. 161), a la par de las grandes ciudades europeas de la época. Claramente, para mantener a tal población, incluidos administradores, sacerdotes, soldados, artesanos y diferentes, se requería importar alimentos en gran cantidad.

El protagonismo de las "aves acuáticas" en el inventario de aves del *Códice*, pone de manifiesto el papel clave desempeñado por la "gente del agua" como expertos en este proyecto. Esta "gente del agua" (Ā-TLĀCA-TL, literalmente, "persona hecha de agua" [cf. Karttunen, 1983, p. 13]), como eran llamados los aztecas, eran aparentemente comunidades campesinas especializadas en la recolección de alimentos y otros recursos del agua de los extensos pantanos del Valle de México, para ser exportados a la ciudad capital; para ello cazaban con lanzas, redes y lazos desde canoas (Figuras 41 y 42), recolectando no solo aves, sino también peces y las larvas de salamandra gigante, los *axolotl* (Ā-XŌLŌ-Tl). Estas aves acuáticas, estos "animales que habitan en el agua", se describen detalladamente en el tercer capítulo del Libro 11 del *Códice*. La mayoría de las aves acuáticas cazadas para al-

Figura 41. Gente del agua cazando el Ā-CIH-TLI, Achichilique Pico Amarillo o Achichilique Pico Naranja (Dibble & Anderson, 1963, Figura 87).

Figura 42. Capturando aves con redes (Dibble & Anderson, 1963, Figura 187).

imento eran migratorias de invierno, estaban presentes en grandes cantidades desde el otoño hasta la primavera. Aparentemente, las cosechas de verano cambiaban a pescado, que eran abundantes con las lluvias.

Varias especies de aves acuáticas residentes se mencionan como presagiadoras de fuertes lluvias y, por lo tanto, de gran abundancia de peces. Se decía que unas 30 aves eran comestibles, incluidos 13 patos, dos zambullidores, un avetoro, una garza, un ibis, una grulla, dos rascones, una gaviota y un pelícano. La gente del agua les temía a los pelícanos, aun así, buscaban capturarlos con la esperanza de obtener una preciosa piedra de jade dentro de su molleja, sin embargo, al intentar capturarlos, podrían volcar sus canoas y ahogarlos (Figura 43), también temían a los cormoranes por la misma razón.

Figura 43. Captura de Ā-TŌTO-LIN, Pelícano Blanco Americano (Dibble & Anderson, 1963, Figura 84).

La mayoría de las aves considerados como comestibles eran aves acuáticas; las excepciones también señaladas como comestibles fueron dos tinamúes, guajolotes silvestres y domésticos, codornices y la Tortolita Cola Larga, esta última solo era consumida con fines medicinales; algunas especies como El Halcón Peregrino y el Chipe Rojo fueron señaladas explícitamente como no comestibles.

En resumen son 30 especies señaladas específicamente como comestibles, incluidas dos que también se usan para rituales o con fines medicinales; más cuatro que no es claro si son o no comestibles y cinco explícitamente no comestibles:

- YOLLO-TŌTŌ-TL, Cabezón Degollado, "comestible" ["*qualoni*" <CUĀ-LŌ-NI>]; "nuestro corazón se convierte en [estos pájaros]cuando morimos";
- PŌPOCALES, Rascón Nuca Canela, "comestible";
- TECUZIL-TÓTÓ-TL, Tinamú Canelo, "comestible";
- IXMATLA-TÓTÓ-TL, Tinamú Mayor, "comestible";
- TÓTÓ -MEH, "*muchipa atla y nemj* <ave acuática, en general>, se les caza a todas, se les captura… se les acorrala, se atan";
- TLALALACA-TL, Pijije Alas Blancas, "bueno, sabroso" ["*vélic, aviac*"];
- TOCUIL-COYŌ-TL, Grulla Gris, "comestible, sabroso, de buen gusto" ["*veltic*"];
- Ā-TZITZICUILO-TL, Monjita Americana, "es muy carnoso, gordo, grasiento" ["*nacateton, chiaoac, vel ceceio,*"];
- CUAUH-TŌTO-LIN, Guajolote Norteño, "comestible – sabroso, sabroso, graso";
- Ā-TŌTO-LIN, Pelícano Blanco Americano, "comestible y ritual";
- Ā-COYO-TL, Cormorán Neotropical, se dice que es lo mismo que A-TŌTO-LIN, el pelícano;
- Ā-CIH-TLI, Achichilque Pico Amarillo y Achichilque Pico Naranja, atrapado en redes; alanceado; convoca al viento;
- COHUIX-IN, Rascón Azteca, "su carne es comestible" ["*qualonj in jnacaio*"];
- ICXI-XOXOUHQUI, Avoceta Americana, "También es comestible" = "*no qualonj*";
- QUETZAL-TEZOLOC-TON, Cerceta Alas Verdes, "Su carne es comestible";
- METZ-CANAUH-TLI, Cerceta Alas azules, "Su carne es comestible";
- CUA-COZ-TLI , Pato Coacoxtle, "Su carne es muy sabrosa" ["*cenca velic in jnacaio*"];
- ECA-TŌTŌ-TL, Pato Arcoíris, "Es comestible";
- AMANACOCHE, Pato Monja, "Son comestibles";
- Ā-TAPALCA-TL, Pato Tepalcate, "Son comestibles";
- TZITZIHUA, Pato Golondrino, "Su carne es comestible, de buen sabor, sabrosa, [y] no sabe a pescado" ["*amo xoqujiac*"];
- XĀL-CUĀ-NI, Pato Chalcuán, "Son comestibles, sabrosos";
- YACA-PITZA-HUAC, Zambullidor Orejón, "No es pescado, su carne es sabrosa";
- TZON-YAYAUHQUI, Pato Boludo Menor, "Su carne es de buen sabor, es gordo, como tocino";
- ZŌL-CANAUH-TLI, Pato Friso, "Su carne es de buen sabor";
- CHIL-CANAUH-TLI, Cerceta Canela, "Son comestibles";
- Ā-CHALALAC-TLI, Martín Pescador Norteño, "Son comestibles";
- YACA-PATLA-HUAC, Pato Cucharón Norteño, "Es comestible";
- HUĀC-TLI$_1$, Garza Nocturna Corona Negra, "Es comestible, sabroso";
- PIPITZ-TLI, Gaviota Reidora, "Es comestible";
- ĀCA-CHICHIC-TLI, Avetoro Menor, "Es comestible";

- ZŌL-IN, Codorniz de Moctezuma, "comestible, sabroso... muy buen sabor" ["*vel tzompa-lalatic*"]; domesticado;
- TŌTO-LIN, Guajolote Norteño domesticado, "es comestible; liderea el sabor de las carnes.... Es sabroso, gordo, sabroso".
- TLAPAL-TŌTŌ-TL, Papamoscas Cardenalito, "No es gordo" ["*amo chiaoa*"], pero no por ello, de menos sabor, "es bueno de comer" (García Quintana & López Austin, 1988, p. 709);
- CŌCOH-TLI, Tortolita Cola Larga, alimento ritual: "su carne destruye el tormento y la aflicción... olvidarán sus celos".

Aves especificadas como no comestibles (algunas sólo en la *Historia General*) incluya lo siguiente:

- TZOPĪLŌ-TL, zopilotes o auras, "No son de comer" (García Quintana & López Austin, 1988, p. 706);
- NECUILIC-TLI, Halcón Esmerejón, "No es de comer" (García Quintana & López Austin, 1988, p. 707);
- CHĪL-TOTOPIL, Chipe Rojo, "Su carne no es comestible.... No tiene sangre";
- TZANA-TL, Zanate del Lerma, "no son buenas de comer" (García Quintana & López Austin, 1988, p. 710);
- ÀCA-TZANA-TL, varios tordos, "no son de comer" (García Quintana & López Austin, 1988, p. 711).

Los cantos de las aves

Los aztecas vivían en lo que podría caracterizarse como una sociedad "más que humana", es decir, estaban abiertos a una comunicación significativa con las aves y otras "cosas terrenales". Atribuían poder al habla; por ejemplo, el emperador azteca era el Tlatoani (TLĀTOA-NI), "hablante, el que manda". Así que quizás no sea sorprendente que disfrutaran de la cría de loros y periquitos y otras "aves apreciadas por sus cantos". Estos se enumeran en los párrafos segundo y octavo del capítulo de aves del Libro 11 del *Códice* (CF, pp. 22 y 51). Del Loro Frente Blanca decían: "Es un cantante, una cantante constante, una habladora, una oradora, una imitadora, una contestadora, una imitadora, una repetidora de palabras. Repite las palabras, lo imita, canta, canta constantemente, parlotea, habla" (CF, p. 23). Los aztecas también domesticaban al Pinzón Mexicano (MOLO-TL): "es un gorrión, un hablador. Se puede domesticar; es enseñable" (CF, p. 48).

El emperador Ahuitzotl, antecesor de Mocteuczoma Xocoyotzin, mandó traer zanates de la costa de Veracruz y los soltaron en Tenochtitlán, donde serían alimentados y protegidos. Ahuitzotl (1440–1502 d.C.) admiraba al ave por "su buena voz; habla bien, habla agradablemente". Para mi oído, el zanate apenas "habla agradablemente", pero los gustos varían.

El párrafo Ocho del Capítulo 2 del Libro 11 está dedicado a los "pájaros que son buenos canoras" ["*itechpa tlatoa in totome, vel cujcanj*"]. Estos incluían el Cuicacoche Pico Curvo y el Cenzontle Norteño. El Cuicacoche, (CUĪTLACOCH-IN) "tiene un canto variado.... Es capaz de domesticación; es enseñable.... Y en invierno no canta.... Cuando llega la lluvia,... cuando hace calor, entonces empieza a cantar" (CF, pp. 51–52). Su nombre imita su canto. El cenzontle también "no canta en invierno, solo en verano.... se burla de todos los pájaros... los guajolotes.... los perros.... canta toda la noche" (CF, p. 52). La asociación del canto de los pájaros dependiendo de la temporada de lluvias y el verano, también se observó con el Jilguerito Dominico, MIYAHUA- TŌTŌ-TL, literalmente, "pájaro de espiga de maíz". También se le conoce como XOPAN-TŌTŌ-TL, "pájaro de verano". Las últimas dos mencionadas como "canoras" son: el Carpintero Imperial, CHIQUIMO-LIN, y la Chachalaca Pálida, CHACHALACAME-TL. De las chachalacas se dice: "Se llama *chachalacametl* porque si varias de ellas se acomodan juntas solo una comienza a cantar: entonces todas cantan.... canta tres veces durante la noche.... Se dice, se despierta" (CF, p. 53). El Carpintero Imperial, ahora muy probablemente está extinto, fue una vez el pájaro carpintero más grande del mundo. Al igual que su pariente cercano, el Carpintero Pico Marfil, no era conocido por su poder vocal, por el contrario, sus llamadas fueron descritas como una "trompeta nasal" (Howell & Webb, 1995, p. 766). Los aztecas lo describieron de manera bastante diferente:

> cuando canta, grita mucho, gorjea, a veces como silbando con los dedos; y canta como si fueran muchos pájaros.... Pero cuando parece chillar, está enojado. Entonces, se dice, esto es un presagio.... Y cuando hay contienda, uno es llamado chiquimolin por esta razón.... Cuando uno suscita contiendas, cuando uno suscita malos sentimientos entre otros (CF, pp. 52–53).

Las aves "con lindos cantos"—buenas canoras y otras voces (18 especies):

- YOLLO-TŌTŌ-TL, Cabezón Degollado, "cuando morimos, nuestros corazones se convierten en [estos pájaros]"; "cuando canta... se alegra";
- PŌPOCALES, Rascón Nuca Canela, "Siempre al atardecer y al amanecer, dice *popocales*";
- IXMATLA-TŌTŌ-TL, Tinamú Mayor, "Cuando canta... <es> como si imitara a los que allí viven";
- CUĪCUĪTZCA-TL, Golondrina Tijereta, "Despierta a los durmientes";
- TOL-COMOC-TLI, Avetoro Norteño, suena como un "tambor de dos tonos"; pronostica lluvia;
- HUAC-TLI$_2$, Halcón Guaco, "su risa suena como un hombre";
- TACHITOHUIYA, Vireón Esmeralda, "un compañero del leñador" ["*quauhtla-catl, tevivicanj*"];
- TLATHUICICI-TLI, Saltapared Barranqueño, "Se despierta",

- TLAPAL-TŌTŌ-TL, Papamoscas Cardenalito, canta de noche;
- MOLO-TL, Pinzón Mexicano, "Canta... constantemente"; capturado y domesticado por su canto;
- TEŌ-TZANA-TL, Zanate Mayor, "habla bien"; introducido al Valle de México por Ahuitzotl y criado;
- COYOL-TŌTŌ-TL, Tordo Cabeza Amarilla y Tordo Sargento, "muy bueno, muy claro es su canto, muy parecido a una campana, agradable, dulce";
- HUĪLŌ-TL, Huilota Común, "Es perezoso"; muy atento a sus compañeros; el canto es como "llorar" por el compañero perdido;
- CUĪTLACOCH-IN, Cuicacoche Pico Curvo, "tiene... un canto variado"; "buen cantante" ["*vel cujcano*"]; domesticado; canta con las lluvias;
- ZENTZON-TLAHTŌLEH, Cenzontle Norteño, "un buen cantor"; se burla de todos los pájaros... también... de los perros";
- MIYAHUA-TŌTŌ-TL, Jilguerito Dominico, "buen cantor"; "Tiene... un canto suave.... Se alegra uno; hace que uno se regocije";
- CHIQUIMO-LIN, Carpintero Imperial, "buen cantor"; "cuando parece chillar, está enojado"; un presagio;
- CHACHALACAME-TL, Chachalaca Pálida, "buen cantor"; "despierta a uno".

Las aves como presagiadoras, medicinales e íconos culturales

Para los aztecas, las aves tienen mucho que decir; indican el paso del tiempo en las diferentes estaciones, la llegada de las lluvias o de las heladas. Pueden predecir buena o mala suerte o fortuna, para una persona o para los gobernantes, entre ellas, están consideradas el Mosquero Cabezón Degollado, YOLLO-TŌTŌ-TL, literalmente, "pájaro del corazón".

> Es bastante pequeño.... En cuanto a que se llame *yollotototl* <"pájaro de corazón">, la gente de allá dice así: que cuando morimos, nuestro corazón se convierte en [estos pájaros]. Y cuando habla, cuando canta, hace su voz suplicante; en efecto, alegra el corazón, lo consuela (CF, p. 25).

En cambio, la Cigüeña Americana, CUA-PETLĀ-HUAC, es considerada de mal agüero, pues "cuando es capturada,... o morirá alguno de los gobernantes, o [vendrá] la guerra.... Así lo comprobaron los del agua: cuantas veces tomaban <cigüeña>, tantas veces la ciudad sufría algún daño,..." (CF, p. 32). El pájaro misterioso conocido como TEN-ITZ-TLI, "pico de pedernal", también es temido:

> si uno captura a este <pico de pedernal>, es señal de que está a punto de morir. Y dicen que su casa será destruida; su gente de la casa perecerá. Por ello se le denomina ave de mal agüero <TĒTZĀHUIĀ-TŌTŌ-TL> (CF, p. 31).

La descripción parece extraña: nocturna, volando alto sobre la laguna cazando moscas de agua, con tres picos y dos lenguas, sospecho que podría ser el Charrán Negro, que acecha insectos sobre los pantanos, a menudo al anochecer. Como temían capturarlo, es probable que nunca lo miraran de cerca, lo que puede ayudar a explicar las extrañas características de su descripción.

> El Avetoro Norteño siempre es un presagio <para la gente del agua>. Cuando canta mucho <retumbando como un tambor de troncos>, siempre durante toda la noche, saben que vendrán lluvias, lloverá mucho, muchos peces y toda clase de vida acuática. Pero si no va a llover mucho,... no canta mucho. Solo quizás cada tercer día ... canta (CF, p. 33).

Su hermano pequeño, el Avetoro Menor, ĀCA-CHICHIC-TLI, "también es un presagio para la gente del agua: siempre que canta está a punto de amanecer. Primero comienza a gritar; luego las diversas [otras] aves acuáticas le responden" (CF, p. 39). Otro cantor del alba es el Saltapared Barranqueño, TLATHUICICI-TLI. "Cuando todavía está oscuro, mucho antes del amanecer, comienza a cantar. Como suena su canto, es como si dijera *tlatuicicitli*, <que los lugareños interpretaron como, "¡Hola! ¡Hola! Ya amanece" (García Quintana & López Austin, 1988, p. 709)>. Vive en las vigas de uno, en la pared de uno. Se despierta" (CF, p. 47).

Finalmente, algunas aves eran medicinales. Por ejemplo, la Tortolita Cola Larga, COCOH-TLI:

> Tiene un solo compañero. Cuando [su pareja] muere, anda siempre como llorando, diciendo: *coco, coco.* Y se dice que destruye la pena, que su carne destruye el tormento y la aflicción. Hacen comer de esta carne a los celosos; así olvidarán [sus] celos (CF, p. 48).

El colibrí, HUĪTZITZIL-IN, "es medicina para las pústulas. Aquel que desea no tener nunca pústulas, come a menudo de su carne. Pero dicen que hace estéril" (CF, p. 24). ¿Un ejemplo temprano de sentimientos antivacunas? Finalmente, se prescribe al guajolote: "Su protuberancia redondeada es flexible, correosa ... blanda .... Quien odia a otra persona le da de comer <la protuberancia> en chocolate, en salsa; hace que se lo trague. Se dice que por esto se vuelve impotente" (CF, pp. 53–54).

Aves como medicina, presagio o ícono cultural (15 especies más tres que es posible que se puedan añadir):

- HUĪTZITZIL-IN, colibrí, "es medicina para las pústulas";
- YOLLO-TŌTŌ-TL, Cabezón Degollado, "cuando morimos, nuestros corazones se convierten en [estos pájaros]"; "cuando canta ... se alegra";

- Ā-TŌTO-LIN, Pelícano Blanco Americano, alimento ritual; capturado con la esperanza de encontrar piedras preciosas en la molleja; llama el viento; hunde las canoas;
- Ā-COYO-TL, Cormorán Neotropical, también se dice "es para hundir a uno" y es por lo demás como Ā-TŌTO-LIN;
- Ā-CIH-TLI, Achichilique Pico Naranja y Achichilique Pico Amarillo, atrapados en redes; alanceados; convoca al viento;
- TEN-ITZ-TLI, Charrán Negro, "ave de mal agüero" ["*tetzauhtototl*"]; si uno es capturado es señal de que la persona morirá;
- CUA-PETLA-HUAC, Cigüeña Americana, "cuando se coge, se considera de mal agüero" cf. "*tetzahuitl*", es decir, "algo extraordinario, aterrador..." (Karttunen, 1983, p. 237);
- CUA-TEZCA-TL, Gallineta Morada, literalmente, "cabeza de espejo"; "espejo" en su cabeza es donde se muestra el futuro de uno; es un "signo de guerra"; si es capturado;
- TOL-COMOC-TLI, Avetoro Norteño, suena como un "tambor de dos tonos"; pronostica la lluvia;
- ĀCA-CHICHIC-TLI, Avetoro Menor, "un presagio para la gente del agua: siempre que canta está a punto de amanecer";
- CĀCĀLŌ-TL, Cuervo Común, quizás solo una plaga que ataca los cultivos;
- CUĀUH-TLOH-TLI, Halcón Peregrino, ilustrado siendo capturado; "da vida a Uitzilopochtli" <el dios patrón de los aztecas> con su sangre;
- NECUILIC-TLI, Halcón Esmerejón, "por el viento sabe cuándo está por venir la helada. Entonces empieza a cantar";
- CŌCOH-TLI, Tortolita Cola Larga: "su carne destruye el tormento y la aflicción... a los celos";
- HUĪLŌ-TL, Huilota Común, "Es perezoso"; muy atento a sus compañeros; el canto es como "llorar" por el compañero perdido;
- CUĪTLACOCH-IN, Cuicacoche Pico Curvo, "tiene... un canto variado"; domesticado; "canta con las lluvias";
- CHIQUIMO-LIN, Carpintero Imperial, "cuando parece chillar es que está enojado"; es presagiador;
- TŌTO-LIN, Guajolote Norteño-domesticado, "es comestible; es el líder en el sabor de la carne".

La etnotaxonomía de la ornitología azteca

Un enfoque central de los estudios etnobiológicos consiste en comparar la estructura taxonómica y su relación nomenclatural entre las culturas. Brent Berlin (1992), ha desarrollado un marco comprensivo y sistemático para tales comparaciones. Tanto los "reinos" etnobotánicos como los etnozoológicos exhiben características estructurales y nomenclaturales familiares, y la etnotaxonomía que se refiere a las aves aztecas del náhuatl clásico no es la excepción. El marco de Berlín postula un conjunto de rangos taxonómicos etnobiológicos universales. Estos son, en orden descendente de inclusividad: Reino (p. ej., "planta", "animal"), Forma de vida (p. ej., "árbol", "pájaro"), Intermedio (p. ej., "fruta árbol", "pato"), genérico o "folk generic" (p. ej., "roble", "reyezuelo"), específico o "folk specific" (p. ej., "roble vivo", "reyezuelo doméstico") y varietal o "folk varietal" (p. ej., "roble vivo de la costa", "reyezuelo casero del sur"). Los taxones de rangos intermedios son poco comunes y pueden estar ausentes y, a menudo, tienen un carácter "híbrido", como cuando una consideración utilitaria agrupa categorías genéricas de apariencia bastante distinta. Los varietales también son raros y típicamente involucran especies domesticadas y/o aquellas de gran prominencia cultural.

Como regla general, la gran mayoría de "taxones" (es decir, categorías de organismos "que van juntos") son lo que Berlin ha llamado "genéricos". La terminología de Berlin aquí ha generado cierta confusión, en el sentido de que las categorías etiquetadas como: genéricas, en la mayoría de los casos no corresponden a especies individuales en el esquema linneano (cf. Hunn, 1977, p. 61, Tabla 3.5). Argumenta que tales taxones tienden fuertemente a tener nombres relativamente simples, solo ocasionalmente en nombres de forma binomial a diferencia de los nombres de los géneros Linneanos. Los nombres binomiales (y ocasionalmente trinomiales) son generalmente llamados taxones específicos, que son en realidad "un tipo" de genéricos o "folk generic".

Los nombres binomiales incluyen dos partes, un término que constituye la "raíz" que etiqueta una categoría más inclusiva modificada por un atributo (e.g., "pino blanco" o "águila calva", el primero es un tipo de "pino", que contrasta con "pino torca" *Pinus concorta*, el segundo una especie de "águila", que contrasta con "águila real"). Aunque los nombres binomiales son particularmente característicos de taxones específicos, donde el término denominado "raíz" nombra a una categoría genérica superior, estos también pueden nombrar un género, cuando este término "raíz" nombra una forma de vida inclusiva o una categoría intermedia; algunos ejemplos en inglés son: "apple tree" y "hummingbird", para los cuales "tree" y "bird" nombran formas de vida.

Como veremos, la etnotaxonomía azteca de las aves, tal como se reporta en el *Códice florentino* se ajusta cómodamente en el marco de Berlín. La comprensión azteca de cómo las aves encajan dentro un esquema más amplio se puede ver claramente en el "Libro 11—Cosas terrenales" del *Códice florentino.* Este libro… "habla de los diferentes animales, las aves, los peces; y los árboles y las hierbas; los metales que descansan en la tierra: estaño, plomo y otros más; y las diferentes piedras" (CF, p. 1). El primer capítulo "habla de los cuadrúpedos" ("iolque" = YŌLQUI, todos los cuales son mamíferos); el segundo capítulo "habla de todas las diferentes clases de aves" ("totome", plural de TŌTŌ-TL); el tercer capítulo "habla de todos los animales que habitan en el agua", incluyendo en el segundo párrafo, "todos los peces" ("mjmjchtin"); el cuarto capítulo "habla de otros animales que viven en el agua, que no son comestibles"; el quinto capítulo "habla de las diversas serpientes…." (cocoa = CŌCŌAH, plural de CŌĀ-TL); el sexto capítulo, "que habla de los diversos árboles, …" ("quavitl" = CUAHUI-TL); el séptimo capítulo "que habla de todas las diferentes hierbas" ("xihujtl" = XIHUI-TL), incluyendo 150 tipos de hierbas medicinales ("xihujtl patli"); y varios capítulos finales que detallan "los metales que descansan en la tierra: estaño, plomo y otros más; y las diferentes piedras" (CF, p. 1).

Esto define muy bien los tres dominios: Animal, Vegetal y Mineral, que también nos son familiares, e indica las principales formas de vida que se incluyen en cada caso; aquí solo nos limitamos a lo que compete a las aves, el TŌTŌ-MEH.

El inventario ornitológico náhuatl comienza con la forma de vida "pájaro", TŌTŌ-TL. ¿Qué hace que un "pájaro" sea un "pájaro" para los aztecas? Ofrecen el siguiente principio definitorio: "La propiedad, la posesión, que pertenece a todas las diferentes aves y a los pavos, son las plumas. <hivitl = IHHUI-TL>" (CF, p. 54).

La gran mayoría de las aves descritas en el *Códice* según los criterios de Berlin, son taxones genéricos o "folk generic" (117 de 133, 88%); los cuales, incluyen todas aquellas nombrados binomialmente con TŌTŌ-TL como término principal, que según mi conteo son 25 (ver Apéndice 3). Los ejemplos incluyen QUETZAL-TŌTŌ-TL, el Quetzal Mesoamericano, el ILAMA-TŌTŌ-TL, el modesto Saltapared Barranqueño. Estos constituyen aproximadamente el 21% de los 117 taxones genéricos mencionados aquí. Otras aves con nombres binomiales que trato como taxones genéricos incluyen varios "patos", por ejemplo, METZ-CANAUH-TLI, la Cerceta Alas Azules, y "águilas" como MIX-CŌĀ-CUĀUH-TLI, el Águila Elegante. Aunque se nombra binomialmente, en estos casos el término principal etiqueta un taxón intermedio en lugar de un genérico.

Los taxones específicos son aproximadamente 16 (12%), cada uno se incluye en una categoría superior genérica; algunos ejemplos son: 11 tipos de colibríes (HUĪTZITZIL-IN) y aves como el Zanate Mayor (TEŌ-TZANA-TL, "zanate sagrado"), mirlos y tordos (ĀCA-TZANA-TL, "zanate de junco"), y el Zanate del Lerma, llamado simplemente TZANA-TL, "zanate". No hay taxones varietales y solo tres que considero son categorías intermedias: CANAUH-TLI$_1$ "pato", CUÁUH-TLI$_1$ "águila", y TLOH-TLI$_1$ "halcón". Cada una de estas tres categorías intermedias incluye un taxón genérico popular prototípico (o dos en solo un caso) que comparte el nombre. Estos se distinguen por un número subíndice (2 o 3): CANAUH-TLI$_2$ "pato mexicano", CANAUH-TLI$_3$ "pato real", CUĀUH-TLI$_2$ "águila real" y TLOH-TLI$_2$ "halcón pálido".

CANAUH-TLI$_1$ ("pato") incluye una fracción sustancial de las "aves acuáticas"—"*totome, at-lan nemj*", es decir, "pájaros, que viven junto al agua"—enumerados en el tercer párrafo del Capítulo 2 del Libro 11 del *Códice*. CUÁUH-TLI$_1$ "águila", y TLOH-TLI$_1$ "halcón" son los principales ejemplos de "aves de presa" tratadas en el cuarto párrafo, designadas colectivamente como "*tlavitequini*"—de derivación incierta, posiblemente compuesto de TLĀHUI-TL "ocre rojo" (Karttunen 1983:270), que sugiere sangre, y TEQUI-TL "cortar algo" (Karttunen 1983:232). Los dos títulos de párrafos anteriores y los cuales fueron, explícitamente nombrados como: "aves acuáticas" y "aves de presa", son lo que Berlin menciona son "categorías de propósito especial", es decir, categorías motivadas por consideraciones distintas de las mismas propiedades formales de las aves, que se dice, definen las "categorías de propósito general" en las etnotaxonomías. En estos casos, la característica definitoria es el hábitat o el comportamiento depredador. No obstante, estas categorías sugieren relaciones ampliamente significativas entre las aves locales, como se indicará a continuación.

¿Cómo se nombra a las aves?

Los nombres de las aves pueden ser solo eso, el nombre del ave, no permitiendo ningún análisis posterior. Estos nombres carecen de "fuerza descriptiva". En español, un "pato" es solo eso. Asimismo, tenemos "golondrinas", "colibríes" y "gorriones". Algunos nombres de aves aztecas son igualmente básicos: ALO es la Guacamaya Roja; TZOPĪLŌ-TL es un zopilote, AZTA-TL es la Garza Dedos Dorados. (El sufijo -TL simplemente los marca como sustantivos singulares).

Sin embargo, muchos nombres de aves son onomatopéyicos, es decir, el nombre imita un canto o voz característica del ave, como "tortilla-con-chile" en español. Al menos 24 (18%) de las aves enumeradas en el *Códice* se denominan así (ver Apéndice 5). Para facilitar este análisis, los escribas aztecas dieron explicaciones a muchos de los nombres, quizás a petición de Sahagún. Por ejemplo, Ā-CHALALAC-TLI es el Martín Pescador Norteño y se dice: "Llámase por este nombre porque su canto es *cha cha cha chu chu chala chala chala*" (García Quintana & López Austin, 1988, p. 703). Otro ejemplo es HUĪLŌ-TL, Huilota Común: "Y parece llorar constantemente; hace [el sonido] *uilo-o-o.* Y su nombre, *uilotl,* está tomado de su canción, que dice *uilo*" (CF, p. 51) (se trata de una bonita aproximación al canto de la huilota).

Los términos designados para los distintos colores juegan un papel importante en los nombres de aves aztecas. Sin embargo, debemos ser conscientes de que los términos de color varían según las diferentes lenguas (Berlin & Kay, 1969). Los escribas aztecas emplearon una gran cantidad de terminología relacionada con el color para describir la apariencia de las aves mencionadas, incluidos, sutiles matices de rojo, amarillo, azul y verde. Algunos definidos en términos de objetos naturales, como "verde hierba", "rojo chile", "amarillo flor", el color del jade/turquesa, el color de la *tuna* (el fruto maduro del nopal), y el ocre. De esta maraña de matices sutiles, los escribas aztecas usaron 13 términos para nombrar 21 tipos de aves, que enumero a continuación: (ver también el Apéndice 4):

- IZTAC- "blanco", como en IZTAC-CUĀUH-TLI, "águila blanca/halcón"; IZTAC-TLOH-TLI, "halcón blanco".
- YAUH-TIC, "oscuro", como en YAUH-TIC HUĪTZIL-IN, "colibrí oscuro".

- CHĪL/CHIL- “rojo”, como en CHĪL-TOTOPIL, “pajarito rojo”; CHĪL-CANAUH-TLI, “pato colorado”.
- AYO-PAL-TIC, “tinte morado”, como en AYOPAL-HUĪTZIL-IN, “colibrí morado”.
- TLA-PAL- “tinta roja”, como en TLAPAL-HUĪTZIL-IN, “colibrí rojo”.
- COZ-TIC/COZCA- “amarilla <o “collar, adorno”>”, como en COZCA-CUĀUH-TLI, “águila/gavilán amarillo”; COZ-TLOH-TLI, “halcón amarillo”.
- XOCHI-, “[color de] flor”, como en XOCHI-TEN-ACAL, “pico de flor”.
- CUAPPACH-TIC/QUAPACH- “leonado”, de CUAPPACH-TŌTŌ-TL, “ave leonada”; CUAPPACH-HUĪTZIL-IN, “colibrí café-rojizo”.
- NŌCH-, “[color de] fruta de nopal”, como en NŌCH-TŌTŌ-TL, “fruta de cactus, pájaro rojo”.
- CHALCHIUH-, “[color de] jade”, CHALCHIUH-TŌTŌ-TL “pájaro de jade”; CHALCHI-HUĪTZIL-IN, “colibrí de jade”.
- XIHUA-PAL-/XIUH-PAL-, “turquesa”, como en XIHUA-PAL-QUECHŌL, “péndulo de turquesa”.
- XIHUI-, “azul claro”, como en XI-HUĪTZITZIL-IN, “colibrí azul claro”.
- XIUH-TIC/XIUH- “[color de] jade, turquesa”, XIUH-TŌTŌ-TL, “pájaro turquesa”; XIUH-QUECHŌL, “péndulo turquesa”.

Además de los colores del plumaje, también se consideraban otros patrones de color muy notables; por ejemplo, el dios del viento, EHĒCA-TL, se representa característicamente en la iconografía azteca con una “cara pintada”. Este patrón facial ha motivado el nombramiento de tres especies de aves muy diferentes, todas mostrando la “cara pintada” del dios del viento (Figura 36). El Pato Arcoíris ECA-TŌTŌ-TL, “ave del dios del viento”. “Se llama ecatótl porque sus plumas negras adornan el rostro [a la manera del dios del viento]” (CF, p. 35). ECA-HUĪTZIL-IN, “colibrí dios del viento”, en realidad se refiere a dos especies, una con una cara pálida marcada por una raya oscura a través del ojo, la otra con una cara oscura marcada por una raya blanca a través (o sobre) el ojo. Aunque es difícil estar seguro, creo que el primero es el Colibrí Picudo Occidental; el segundo es el Colibrí Orejas Blancas. Ambos son comunes en el Altiplano Central de México y cumplen los requisitos. Finalmente, ECA-TLOH-TLI, “halcón del dios del viento”, al parecer se trata del Halcón Fajado, con una distribución más extendido para entonces, en las tierras altas al norte del Valle de México y el cual, muestra claramente el adorno facial distintivo del “dios del viento”: “Se llama ecatotli porque la cara está atravesada de blanco” (CF, p. 44).

Los nombres de aves aztecas a menudo especificaban datos clave de las preferencias de hábitat y movimientos estacionales; el hábitat acuático a menudo, fue el más observado, indicado por el prefijo Ā-, “agua”, los ejemplos incluyen Ā-CĀCĀLŌ-TL, literalmente, “cuervo de agua”, para el Ibis Ojos Rojos; Ā-CHALALAC-TLI, para el Martín Pescador Norteño, llamado así por sus vocalizaciones ruidosas; Ā-CUĀUH-TLI, literalmente, “águila de agua”, por lo que podría ser el Gavilán Zancón y Ā-ITZ-CUĀUH-TLI por la Águila Pescadora, literalmente, "águila obsidiana de agua", es decir, el "águila real del agua". Tenemos Ā-TAPALCA-TL, literalmente, "tepalcate del agua", para el Pato Tepalcate, llamado así por el sonido de sus alas batiendo sobre el agua en la época de apareamiento. Ā-TEPONĀZ-TLI, literalmente, "tambor de tronco del agua", para el Avetoro Norteño, descrito así por sus reiteradas llamadas de apareamiento. Ā-TŌTO- LIN, literalmente, "guajolote de agua", nombra al Pelícano Blanco Americano, del que se dice que es "el gobernante, el líder de todas las aves acuáticas" (CF, p. 29). Ā-ZŌL-IN, "codorniz de agua", es la Agachona Norteamericana, con su plumaje de codorniz. También podemos anotar como prefijo ĀCA- "junco", para indicar hábitat, como en ĀCA-CHICHIC-TLI, que considero se trata del Avetoro Menor, llamado así por sus llamadas y su hábitat. ĀCA-TZANA-TL, literalmente, "zanate de junco", para mirlos y tordos en bandadas de invierno.

CUĀUH-TLI es el término general para un águila o halcón grande. Sin embargo, como prefijo, CUAUH-, con "A" corta, puede indicar algo silvestre o "del bosque", cf. CUAHUI-TL, "árbol de madera" (Karttunen, 1983, p. 58). Por ejemplo, CUAUH ALO, "guacamayo del bosque/salvaje", nombra a la Guacamaya Verde, en contraste con ALO, la Guacamaya Roja. La Pava Cojolita se llama CUAUH-TŌTO-LI, literalmente, "pava del bosque/pavo salvaje". El pájaro carpintero prototípico, probablemente el Carpintero Cheje, es CUAUH-TOTOPO-TLI, literalmente, "golpea madera (con sonido de trueno)".

HUEXO-CANAUH-TLI, "pato sauce", al parecer se trata de la Garcita Verde, basándome en otros detalles descriptivos. Un hábitat de sauces es bastante apropiado para esta ave llamada "pato". (Los aztecas también llamaban "patos" a la Garza Nocturna Corona Negra y al Martín Pescador Norteño). XOPAN-TŌTŌ-TL, literalmente "pájaro del verano", es otro nombre para el Jilguerito Dominico, también conocido como MIYAHUA-TŌTŌ-TL, "pájaro de la espiga de maíz", que sugiere la reunión estacional de estas aves coloridas como las flores de la espiga del maíz. CENOTZ-QUI, literalmente, "trae la helada", uno de varios nombres para el Halcón Esmerejón, sugiere su condición de visitante invernal. YOHUAL-TLOH-TLI, "halcón nocturno", podría nombrar al Halcón Murcielaguero, conocido por su persecución crepuscular de murciélagos. ZACA-TECOLŌ-TL, literalmente, "búho de hierba", es probablemente el Búho Cara Blanca o el Búho Sabanero, ambos relacionados a los pastizales, mientras que ZACA-TLA-TLI, "comedor de pasto", es un término general para los gorriones. ZOQUI-Ā-ZŌL-IN, "codorniz de barro", es una elaboración de Ā-ZŌL-IN, "codorniz de agua", para nombrar a la Agachona Norteamericana. XĀL-CUĀ-NI, literalmente, "come arena", es el Pato Chalcuán, que a menudo se alimenta a lo largo de las costas arenosas, en busca de plantas acuáticas para comer.

Finalmente, los nombres de aves aztecas pueden describir la forma o el color de partes particulares del cuerpo, como en ICXI-XOXOUHQUI, "tiene patas verdes", para la Avoceta Americana, o TEN-ITZ-TLI, literalmente, "pico de obsidiana", para algún tipo de ave acuática "nocturna", que sospecho podría haber sido el Charrán Negro. YACA-CIN-TLI, "nariz de mazorca de maíz", es la Gallareta Americana; YACA-PATLA-HUAC, "nariz plana", es el azulón, y YACA-TEXO-TLI, "nariz azul", es otro nombre para el Pato Tepalcate. El macho en época de reproducción luce un pico azul pálido brillante.

Estos ejemplos demuestran el valor de prestar mucha atención a la "fuerza descriptiva" de los nombres "arbitrarios" de las cosas.

¿Qué falta?

Las aves minuciosamente detalladas en el *Códice florentino* brindan una impresionante introducción a la etnoornitología azteca, un inventario sistemático de más de 130 distintos tipos de aves con nombres asignados, con fascinantes detalles observados de cerca y comentarios sobre su papel en la vida de los aztecas. Sin embargo, aquellos de nosotros obsesionados con nuestra fauna emplumada detectamos lagunas desconcertantes en los relatos del *Códice*. Hay una serie de aves que los escribas aztecas bien podrían haber encontrado en su territorio natal que son lo suficientemente llamativas, desde nuestra perspectiva como para que nos preguntemos por qué fueron pasadas por alto o tal vez tratadas de manera despreocupada. Por ejemplo, ¿por qué no se diferencian más claramente los zopilotes negros y cabecirrojos? Aunque ambos son carroñeros, difieren en apariencia, patrones de vuelo y estrategias de alimentación. Las aves rapaces son particularmente diversas en las tierras altas del centro de México y varias especies distintivas parecen haber sido pasadas por alto, como el Aguililla Rojinegra (*Parabuteo unicinctus*) con su distintiva estrategia de caza cooperativa y la ubicua Aguililla Cola Roja (*Buteo jamaicensis*). Las diversas codornices y perdices se esconden dentro de una sola categoría genérica "folk generic", para la cual la tímida, aunque en peligro de extinción, Codorniz de Moctezuma sirve como prototipo. ¿Qué pasó con los correcaminos, nuestro personaje de dibujos animados favorito? Dos especies son comunes y están muy extendidas en el territorio azteca (*Geococcyx velox* y *G. californianus*), aunque ninguno fue nombrado (pero véase el Apéndice 1).

Es comprensible que muchas de las especies de aves playeras migratorias, la mayoría aquí en su sutil plumaje gris de invierno, deben ser "agrupadas" como TEZOLOC-TLI. Sin embargo, podríamos haber esperado que el Chorlo Tildío (*Charadrius vociferus*), descrito generalmente como "ruidoso y conspicuo" (Howell & Webb, 1995, p. 257), hubiese sido señalado (pero ver Apéndice 1). El gran Búho Cornudo era sin duda una voz nocturna familiar, pero no hay indicios de que esta o cualquier otra especie de búho fuera temida como presagio de la desgracia o la muerte, como muchos de los habitantes rurales del mundo lo mencionan. Se distinguen dos especies de golondrinas, ambas anidan en el barro y, por lo tanto, familiarizadas con la ciudad. Sin embargo, ¿qué pasa con los vencejos (Apodidae), amos de los cielos y meteorólogos? Los papamoscas tiranos (Tyrannidae) están notablemente ausentes en el *Códice*, con la única excepción del Papamoscas Cardenalito. En mi experiencia, esta familia está bien representada por especies tan directas como los tiranos (*Tyrannus* spp.), el estridente Luis Bienteveo (*Pitangus sulfuratus*) y el Mosquero Atila (*Attila spadiceus*). Uno podría haber esperado a la Chara Copetona (*Cyanocitta stelleri*) u otro de sus primos coloridos para haber sido debidamente considerado, pero no parece haber ningún registro de ellos. La escasez de nombres para las diminutas especies del bosque, los vireos (Vireonidae) y los chipes (Parulinae), no es sorprendente, pero extrañé al Mirlo Acuático Norteamericano (*Cinclus mexicanus*) que patrulla los arroyos de montaña, al llamativo Capulinero Gris (*Ptilogonys cinereus*), y al Cardenal Rojo (*Cardinalis cardinalis*). Varias de estas especies "desaparecidas" son nombradas en inventarios regionales más contemporáneos, como enumeramos en el Apéndice 1.

Y finalmente, ¿qué pasó con los murciélagos (Chiroptera)? Dado que los aztecas definían a las aves como criaturas con plumas, uno no esperaría que confundieran a los murciélagos con las aves, como es común en otras tradiciones culturales. Sin embargo, los murciélagos eran bien conocidos por los aztecas como TZINĀCAN-TLI, pero no aparecen en ninguna parte del Libro 11. De hecho, los mercaderes aztecas, los pochtecas, viajaron disfrazados al reino maya de Tzinacantan (TZINĀCAN-TLAN, literalmente, "Tierra de Murciélagos") en el actual estado de Chiapas, para adquirir subrepticiamente preciosas plumas de quetzal. Quizá los murciélagos también "cayeron en el olvido", al no ser ni peces ni aves.

Conclusiones

Los aztecas, a los ojos de muchos académicos occidentales, eran un grupo bastante bárbaro, que difícilmente era digno del título de "civilizados". El sacrificio humano, a gran escala, de los cautivos de guerra es una imagen dominante, debido a que los sacerdotes arrancaban los corazones de los pechos de los sacrificados y luego hacían rodar sus cuerpos por los escalones de la pirámide. La iconografía azteca puede ser grotesca y hacer evadir la primera mirada. Claramente, no obstante, hay otro lado del retrato azteca, la elegante poesía del gobernante texcocano, Nezahualcóyotl, da testimonio de un profundo aprecio por la belleza del mundo natural. Los aztecas trataban las flores como "oraciones", ofrendas quizás a la par de la sangre de los sacrificios humanos. La fascinación de los aztecas por sus diversas aves compañeras, ofrece un argumento adicional a favor de ver a los aztecas como nuestros iguales intelectuales y morales.

Sahagún llegó a valorar al pueblo azteca como plenamente humano, a pesar de la crueldad de sus ofrendas rituales al Sol, el dios que exigía sacrificios de sangre. "Lo cierto es que todos estos pueblos son hermanos nuestros, que proceden del linaje de Adán como nosotros mismos, son nuestros prójimos a quienes debemos amar como a nosotros mismos" (del Prólogo a la *Historia General* como se cita en Todorov [1984, p. 239]; Original en español en García Quintana & López Austin, 1988, Volumen 1, p. 35). Su relato de la práctica azteca del sacrificio de niños es profundamente empático:

> No creo que pueda haber un corazón tan duro que no se conmueva y enternezca con lágrimas, horror y miedo, al oír tan inhumana crueldad,.... La causa de este cruel cegamiento, de que fueron objeto estos desdichados niños, no debe imputarse tanto a la crueldad de sus padres, que derramaban abundantes lágrimas y se entregaban a tales prácticas con dolor en el corazón; debemos atribuirlo al infinito y cruel odio de nuestro antiguo enemigo Satanás (desde la *Historia General* como se cita en Todorov [1984, p. 228]; Original en español en García Quintana & López Austin, 1988, Volumen 1, pp. 106–107).

Sahagún se debate entre su lealtad a sus ideales cristianos y su profunda identificación empática con sus alumnos aztecas. "El proyecto explícito de Sahagún era facilitar la evangelización de los indios mediante el estudio de su religión. Pero apenas un tercio del libro corresponde a esta idea" (Todorov, 1984, p. 235). "Pero junto a este motivo declarado existe otro… el deseo de conocer y preservar la cultura náhuatl" (Todorov, 1984, p. 223). "El resultado de estos esfuerzos es una enciclopedia inestimable de la vida espiritual y material de los Aztecas antes de la conquista" (Todorov, 1984. p. 227). Los conquistados hablan a través de este agente de conquista.

La etnografía de Sahagún es un modelo perdurable para la mejor práctica de la antropología cultural en la actualidad, Sahagún no interpreta voces indígenas. Más bien, les permite hablar por sí mismos en su lengua nativa. Esta, creo, es la tarea propia de la etnografía, entonces y ahora. Creo en una antropología que, ante todo, busque honrar nuestra humanidad común, dando testimonio de todo lo que podemos compartir como ciudadanos de una sociedad trans humanizada en su relación con la naturaleza.

Apéndice 1

Nombres de aves en náhuatl de otras fuentes

La lengua náhuatl, también conocida como "mexicano", es hablada por unos dos millones en México hoy. Se han registrado variantes de nombres de aves en náhuatl en varios momentos y lugares. A continuación, se enumeran nombres de aves de Tetelcingo, Xalitla y Zacapoaxtla, citados en Karttunen (1983) y de Molina, citado en Wood (2000–2020), que no figuran en el *Códice florentino*. Los nombres de plantas y animales cambian fácilmente sus referentes ornitológicos a través del tiempo y el espacio, ya que cada comunidad de habla aplica un conjunto de nombres a una variedad de flora y fauna local.

- Ā-CĀHUA-TŌTŌ-TL, "pequeño pájaro amarillo o azul con gris en el dorso" (Tetelcingo en Karttunen, 1983, p. 1).
- Ā-HUACĀ-TZIN, "golondrina" (Tetelcingo en Karttunen, 1983, p. 7).
- AMACOZCA-TL, "Chorlo Tildio" (*Charadrius vociferus*).
- Ā-TŌTO-TL, "garza" (IDIEZ [Madera, 2000–2020]).
- Ā-XOCXOC-TZIN, "especie de ave de plumaje verde" (Xalitla en Karttunen, 1983, p. 15).
- CĀCALĀCH-TŌTŌ-TL, literalmente, "pájaro cucaracha", "pajaro mexicano /*avispero*", posiblemente Tyrannidae (Tetelcingo en Karttunen, 1983, p. 19). Esto podría referirse a un papamoscas tirano grande (Tyrannidae), del cual hay numerosas posibilidades.
- CANAUH CACUAN-TŌTŌ-TL, "Chinito" (*Bombycilla cedrorum*).
- CANAUH-CONE-TON-TLI, "especies de pato pequeño" (Molina in Wood, 2000–2020).
- CHIAN-TŌTŌ-TL, Zacatonero Garganta Negra (*Amphispiza bilineata*).
- CHIHUIHCOYŌ, "perdiz" (Zacapoaxtla en Karttunen, 1983, p. 54); tal vez se refiere a la Perdiz Coluda Transvolcánica (*Dendrortyx macroura*) o un tinamú (Tinamidae).
- CHĪL-TŌTŌ-TL, literalmente "pájaro rojo", "cardenal" (Tetelcingo in Karttunen, 1983, p. 52); quizás se distingue de CHĪL-TOTOPIL por su mayor tamaño, en cuyo caso bien podría ser el Cardenal Rojo (*Cardinalis cardinalis*), otra llamativa ave de color rojo brillante.

- CHOHCHOC, "especie de ave/*pajaro arriero* <pájaro arriero>", posiblemente un correcaminos (Zacapoaxtla en Karttunen, 1983, p. 54); podría referirse al Correcaminos Norteño (*Geococcyx californianus*) o al Correcaminos Tropical (*G. velox*).
- COXCOX, "color café, sal de noche a los caminos" (IDIEZ: chotacabras).
- COXCOX-TLI/COXOLI-TLI, "tipo de faisán" (Molina in Wood, 2000–2020); como no había "faisanes" en el México del siglo XVI, sospecho que este término puede haber hecho referencia a algunas especies de tinamú (Tinamidae), de las cuales el Tinamú Canelo (*Crypturellus cinnamomeus*) es el más probable, ya que se extiende más al norte en ambas costas (Howell & Webb, 1995, p. 89–91). Su coloración también puede describirse como "color café" (COXCOX). Véase también IXMATLA-TŌTŌ-TL (quizás tinamú mayor) y TECUCIL-TŌTŌ-TL (quizás tinamú canelo).
- COXOLI-TLI "tipo de faisán," La Pava Cojolita (Friedmann et al., 1950).
- COZTIC-TŌTŌ-TL, literalmente, "pájaro amarillo", "bolsero /*calandria*" (Tetelcingo en Karttunen, 1983, p. 43); hay varias especies de bolseros (*Icterus* spp.) dentro del rango de los aztecas.
- CUAUH ALO, literalmente, "guacamayo del bosque", Guacamaya Verde (*Ara militaris*) "loro verde grande" (Molina in Wood, 2000–2020); aunque no se menciona en el *Códice*, esta especie se distingue de ALO, la Guacamaya Roja (*Ara macao*).
- CUAUH-QUEQUĒX, "especie de pájaro carpintero": (Zacapoaxtla en Caricatura, 1983, p. 63). Véase también pájaro carpintero Carpintero Cheje (*Melanerpes aurifrons*).
- CUAUH-TZIC-TŌTŌ-TL, "especie de bolsero que come savia ... *avispero* (Tetelzingo en Karttunen, 1983, p. 65); aunque de ninguna manera se asemeja a un bolsero, el chupasavia norteño (*Sphyrapicus varius*)—un pájaro carpintero bastante aberrante y visitante habitual de invierno en todo México—se destaca por esa estrategia de alimentación.
- CUAUH-XAXACA, "una especie de Búho Cornudo/*tecolote, búho*" (Zacapoaxtla en Karttunen, 1983, p. 65).
- CUĪX-IN, "gran ave rapaz, gavilán, *milano, Gavilán*" (Xalitla en Karttunen, 1983, p. 74). Véase también CUĀUH-TLI "águila/gavilán en general". No debe confundirse con CAHUĪX-IN o COHUĪX-IN.
- HUAU-TÓTÓ-TL, Colorín Sietecolores (*Passerina ciris*).
- HUĒI-TŌTO-LIN, literalmente, "guajolote grande", pavo silvestre (*Meleagris gallopavo*), "un tipo de ave salvaje, probablemente el pavo silvestre /*tórtola silvestre*" (Zacapoaxtla en Karttunen, 1983, p. 86); ver HUEHXŌLŌ-TL.
- ĪXTĒN-TLI MŌYŌ-TZIN, Junco Ojos de Lumbre (*Junco phaenotus*).
- IZTAC-[T]ZONYAYAUHQUI, Pato Pico Anillado (*Aythya collaris*).
- QUICHPĀYA-TL, "especie de ave, *agarista*" (Tetelcingo en Karttunen, 1983, p. 210).
- QUILTOTON, Periquito Catarino (*Forpus cyanopygius*).
- TEXIXĪCTŌN, "Saltapared Barranqueño (*Catherpes mexicanus*)" (Tetelcingo en Karttunen, 1983, p. 238); ver TLATHUICICI-TLI.

- TLĀCA AZTA-TL, "especies de garzas / garcetas" (Wood, 2000–2020). Esto podría aplicarse a otras garzas además de Garza Dedos Dorados, AZTA-TL, como la Garza Blanca (*Ardea alba*).
- TLĀLA-CATE-TL, "tortola /*paloma*" (Xalitsa en Karttunen, 1983, p. 273).
- TLAŌL-TŌTŌTL, "tipo de ave, *maizero*" (Tetelcingo en Karttunen, 1983, p. 287).
- TOLOLOH, "búho/*tecolote, búho*" (Zacapoaxtla en Karttunen, 1983, p. 244).
- XAXACA, "búho/*tecolote, búho*" (Zacapoaxtla en Karttunen, 1983, p. 322). Véase también CUAUH-XAXACA.
- YOHUAL-TŌTŌ-TL, literalmente, "pájaro nocturno" (Wood, 2000–2020). Un búho (Strigiformes) o quizás un chotacabras (Caprimulgidae) de algún tipo.
- ZACA-PIPĪTZTŌN, "especie de ave" (Tetelcingo in Kartunnen, 1983, p. 345).

Apéndice 2

Estructura taxonómica mostrada en la nomenclatura o en los títulos de los párrafos

Principales agrupaciones nombradas específicamente en los títulos de los párrafos:

- TŌTŌ-MEH, Ā-TLAN NEMI "aves acuáticas"
- IXQUICHT-IN TOTO-ME, SON "aves rapaces"
- TŌTŌ-MEH, HUEL CUĪCA-NI "aves que son canoras"

Categorías intermedias que incluyen numerosos genéricos populares, como se enumeran después de cada encabezado:

- CANAUH-TLI ("pato") (*CANAUH-TLI ausente en el nombre, 13 de 20 especies)
    - *Ā-CHALALAC-TLI (Martín Pescador Norteño)
    - *AMANACOCHE (Pato Monja)
    - *Ā-TAPALCA-TL (Pato Tepalcate)
    - CANAUH-TLI (Pato Mexicano y/o Pato Real)
    - *CUA-CHIL-LI/CUA-CHIL-TON (Gallineta Frente Roja)
    - CHIL-CANAUH-TLI (Cerceta Canela)
    - CON-CANAUH-TLI (Pijije Canelo)
    - CUA-COZ-TLI (Pato Coacaxtle)
    - *HUAC-TLI/HUAC-TLI$_1$ (Garza Nocturna Corona Negra)
    - HUEXO-CANAUH-TLI (Garcita Verde)
    - METZ-CANAUH-TLI (Cerceta Alas Azules)
    - *QUETZAL-TEZOLOC-TON (Cerceta Alas Verdes)
    - *TLALALACA-TL (Pijije Alas Blancas)
    - *TZITZIHUA (Pato Golondrino)
    - *TZON-YAYAUHQUI (Pato Boludo Menor)
    - *XALQUANI (Pato Chalcuán)
    - *YACA-PATLA-HUAC (Pato Cucharón)
    - ZŌL-CANAUH-TLI (Pato Friso)
    - ZOQUI-CANAUH-TLI (Pijije Canelo)

- CUÁUH-TLI$_1$ ("águila")
  - Ā-CUĀUH-TLI (posiblemente Gavilán Zancón)
  - Ā-ITZ-CUĀUH-TLI (Águila Pescadora)
  - CHIYAN-CUĀUH-TLI (Gavilán Rastrero)
  - COZCA-CUĀUH-TLI (Caracara Quebrantahuesos)
  - ITZ-CUÁUH-TLI/CUÁUH-TLI2 (Águila Real)
  - IZTAC-CUĀUH-TLI (posiblemente la Aguililla Cola Blanca)
  - MIX-CŌĀ-CUĀUH-TLI (Águila Elegante)
  - TLĀCO-CUĀUH-TLI (Gavilán Rastrero)
  - TLOH-CUĀUH-TLI (Gavilán Azor Americano)
  - YOHUAL-CUĀUH-TLI ("águila nocturna", posiblemente el Pájaro Estaca Mayor)
- TLOH-TLI 1/TLO-TLI1 (halcón) (nota varios sinónimos aparentes)
  - ĀYAUH-TLOH-TLI "halcón de nubes" (Halcón Peregrino)
  - COZ-TLOH-TLI "halcón amarillo" (Cernícalo Americano)
  - CUĀUH-TLOH-TLI "halcón-águila" (Halcón Peregrino)
  - ECA-TLOH-TLI (Halcón Fajado)
  - ITZ-TLOH-TLI/ĀCA-TLOH-TLI "halcón de obsidiana"/"halcón de junco" (Halcón Murcielaguero)
  - IZTAC-TLOH-TLI "halcón blanco" (Halcón Mexicano)
  - *NECUILIC-TLI/NECUILOC-TLI/CENOTZQUI/TLETLEUHTON (Halcón Esmerejón)
  - TLĀCO-TLOH-TLI (Gavilán Azor Americano)
  - TLOH-TLI2/TLO-TLI2 (Halcón Mexicano, como prototipo)
  - YOHUAL-TLOH-TLI (Halcón Murcielaguero)

Taxones genéricos populares politípicos con detalles populares incluidos que se enumeran a continuación (*nombres no binomiales):

- HUĪTZITZIL-IN/HUĪTZIL-IN (colibrí)
  - AYOPAL-HUĪTZIL-IN (quizás Colibrí Corona Violeta)
  - CHALCHI-HUĪTZIL-IN (posiblemente el Colibrí Orejas Violetas)
  - CUAPPACH-HUĪTZIL-IN (probablemente el Colibrí Canelo)
  - ECA-HUĪTZIL-IN (Colibrí Picudo Occidental y el Colibrí Orejas Blancas)
  - QUETZAL-HUĪTZIL-IN (quizás el Colibrí Multicolor)
  - TELOLO-HUĪTZIL-IN (quizás una categoría que incluye hembras e inmaduros de varias especies)
  - TLAPAL-HUĪTZIL-IN (probablemente el Colibrí Canelo)
  - TLE-HUĪTZIL-IN (especie indeterminada)
  - *TOTOZCATLE-TON (Zumbador Cola Ancha o el Colibrí Lucifer)
  - XI-HUĪTZITZIL-IN (quizás el Colibrí Pico Ancho Norteño)

  - YAUHTIC HUĪTZIL-IN (especie indeterminada)
- ALO (Guacamayo)
  - ALO (Guacamaya Roja)
  - CUAUH ALO "guacamayo del bosque" (Guacamaya Verde)
- AZTA-TL (garza)
  - AZTA-TL/TEO-AZTA-TL (Garza Dedos Dorados)
  - TLĀCA-AZTA-TL (posiblemente la Garza Blanca)
- CĀCĀLŌ-TL
  - CĀCĀLŌ-TL (Cuervo Común)
  - Ā-CĀCĀLŌ-TL "cuervo de agua" (Ibis Ojos Rojos)
- CHĪCUA-TLI
  - CHĪCUA-TLI (Lechuza de Campanario)
  - TLĀL-CHĪCUA-TLI "lechuza común de tierra" (Tecolote Llanero)
- HUĪLŌ-TL (paloma)
  - HUĪLŌ-TL (Huilota Común)
  - TLĀCA-HUILO-TL (Paloma Común)
- QUECHŌL-LI
  - QUECHŌL-LI/TLĀUH-QUECHŌL-LI/TLĀUH-QUECHŌL (Espátula Rosada)
  - XIHUA-PAL-QUECHŌL/XIUH-PAL-QUECHŌL (Momoto Cejas Azules)
  - XIUH-QUECHŌL-LI/XIUH-QUECHŌL (Momoto Corona Negra)
- TECOLŌ-TL (búho) (**de fuentes distintas al Códice florentino)
  - **COPĀC-TECOLŌ-TL (Cernícalo Americano)
  - TECOLŌ-TL (Búho Cornudo)
  - **TŌCH-TECOLŌ-TL (Paloma Encinera)
  - ZACA-TECOLO-TL "búho de hierba" (Búho Cara Blanca o Búho Sabanero)
- TŌTO-LIN (parecidos a guajolotes)
  - CUAUH-TŌTOL (La Pava Cojolita)
  - CUAUH-TŌTO-LI (guajolote salvaje)
  - *HUIĒ-TŌTO-LIN
  - TŌTO-LIN/TŌTO-LI (guajolote domésticado)
    - HUEHXŌLŌ-TL (guajolote macho)
  - Ā-TŌTO-LIN (Pelícano Blanco Americano)
- TZANA-TL (zanates y aliados)
  - ĀCA-TZANA-TL "zanate común" (mirlos/tordos)
  - TEŌ-TZANA-TL "Zanate Mayor" (zanate mexicano)
  - TZANA-TL (Zanate del Lerma)
- ZŌL-IN ("codorniz")
  - Ā-ZŌL-IN/ZOQUI-Ā-ZŌL-IN "codorniz de agua"/"codorniz de barro" (Agachona Norteamericana)

- ZŌL-IN/ZOL-LI (Codorniz de Moctezuma)
  - HUATON (Codorniz de Moctezuma hembra)
  - TECU-ZOLI (Codorniz de Moctezuma macho)

Apéndice 3

Nombres de aves que incorporan TŌTŌ-TL/TŌTŌ-MEH (aves/pájaro/pájaros)

TŌTŌ-TL/TŌTŌ-MEH (pájaro/pájaros): "La propiedad, la posesión, que pertenece a todas las diferentes aves y a los guajolotes son las plumas (***ihhui-tl***)" (CF, p. 54).

TŌTŌ-TL (*si no figura en el *Códice* pero de otras fuentes, por ejemplo, Friedmann et al., 1950; Karttunen, 1983; Madera, 2000–2020)

- *Ā-CĀHUA-TŌTŌ-TL ("pequeño pájaro amarillo y azul con espalda gris")
- *Ā-TŌTŌ-TL (garceta)
- Ā-YACACH-TŌTŌ-TL (*Campylorhynchus* matracas)
- *CĀCALĀCH-TŌTŌ-TL (especie papamoscas)
- *CAPOTZTIC-TŌTO-TL (tordos)
- CHIUH-TŌTŌ-TL (Mielero Patas Rojas)
- CHĪCUA-TŌTŌ-TL (Pradero Tortillaconchile)
- CHĪL-TOTOPIL (Chipe Rojo)
- *CHĪL-TŌTŌ-TL (Cardenal Rojo)
- COYOL-TŌTŌ-TL (tordo sargento/tordo cabeciamarillo)
- COZTIC-TŌTŌ-TL (bolsero)
- CUAPPACH-TŌTŌ-TL/CUAPACH-TŌTŌ-TL (Cuclillo Canela)
- CUAUH-TŌTOL (La Pava Cojolita)
- CUAUH-TŌTO-LIN (guajolote salvaje)
- *CUAUH-TZIC-TŌTŌ-TL (bolsero/chupasavia)
- CUĪTLACOCH-TŌTŌ-TL/CUĪTLACOCH-INQUI (Cuicacoche Pico Curvo)
- ECA-TŌTŌ-TL (Pato Arcoíris)
- ĒLŌ-TŌTŌ-TL (Picogordo Azul)
- ILAMA-TŌTŌ-TL (Rascador Viejita)
- *ĪXCAUH-TŌTŌ-TL (Garrapatero Pijui)
- IXMATLA-TÓTÓ-TL (Tinamú Mayor)
- MIYAHUA-TOTŌ-TL (Jilguerito Dominico)

- MOLO-TŌTŌ-TL/MOLO-TL (Pinzón Mexicano-doméstico)
- NŌCH-TŌTŌ-TL (Pinzón Mexicano-macho)
- QUETZAL-TŌTŌ-TL (Quetzal Mesoamericano)
- *QUIYAUH-TŌTŌ-TL ("pájaro de tormenta de lluvia")
- TECUCIL-TŌTŌ-TL (Tinamú Canelo)
- *TLAŌL-TŌTŌ-TL ("maizero")
- TLAPAL-TŌTŌ-TL (Papamoscas Cardenalito)
- XIUH-TŌTŌ-TL (Cotinga Azuleja)
- XOCHI-TŌTŌ-TL (Calandria Flancos Negros)
- XOPAN-TŌTŌ-TL (Jilguerito Dominico)
- *YOHUAL-TŌTŌ-TL (ave nocturna)
- YOLLO-TŌTŌ-TL (Cabezón Degollado)
- ZACUAN-TŌTŌ-TL/ZACUAN (Oropéndola de Moctezuma)

Apéndice 4

Algunos atributos modificadores

- Â- "agua" [Â-TÓTO-LIN, Â-COYO-TL, Â-CIH-TLI, Â-TAPALCA-TL, Ā-CHACHALAC-TLI, Ā-CACHICHIC-TLI, Ā-CUĀUH-TLI, Ā-ITZ-CUĀUH-TLI, Ā-CACALO-TL, Ā-ZŌL-IN]
- ĀCA- "caña", se refiere a los juncos [ĀCA-TZANA-TL]
- ĀYAUH- "nube" [ĀYAUH-TLOH-TLI]]
- AYOPAL- "morado," [AYOPAL-HUĪTZIL-IN]
- CENTZON-/ZENTZON- "muchos [400]" [CENTZON-/ZENTZON-TLAHTŌLEH]
- CHALCHIUH- "turquesa" [CHALCHIUH-TŌTŌ-TL, CHALCHI-HUĪTZIL-IN]
- CHICUA- "lechuza común" [CHICUA-TŌTŌ-TL]
- CHĪL/CHIL- "rojo" [CUA-CHICHIL, CUA-CHIL-TON, CHIL-TOTOPIL, CHIL-CANAUH-TLI]
- CON- "olla" [CON-CANAUH-TLI]
- COYOL- "sonajero, campana" [COYOL-TŌTŌ-TL]
- COZCA-/COZTIC-/COZ- "amarillo"; "adorno, collar" [CUA-COZ-TLI, COZCA-CUĀUH-TLI, COZ-TLOH-TLI]
- CUAPPACH-/CUAPACH- "leonado [*leonado*]" (cf. -PACH- > "residuos vegetales") [CUAPPACH-TŌTŌ-TL, CUAPPACH-HUĪTZIL-IN]
- CUĀ-/CUAH- "comer algo" [XAL-CUA-NI]
- CUAHUI-TL "árbol, palo, palo, bastón, viga" [CUAUH-TŌTO-LI, CUAUH-TOTOPO-TLI]
- CUĀUH- "águila" [CUĀUH-TOH-TLI]
- ECA- "dios del viento" [ECA-TŌTŌ-TL, ECA-HUĪTZIL-IN, ECA-TLOH-TLI]
- HUEXO- "sauce" [HUEXO-CANAUH-TLI]
- ILAMA- "anciana" [ILAMA-TŌTŌ-TL]
- ITZ- "obsidiana" [ITZ- CUĀUH-TLI, TEN-ITZ-TLI, ITZ- TLOH-TLI]
- IZTAC- "blanco" [IZTAC-CUĀUH-TLI, IZTAC-TLOH-TLI]
- METZ- "luna" [METZ-CANAUH-TLI]
- MIYAHUA- "espiga de maíz" [MIYAHUA-TŌTŌ-TL]
- NŌCH- "fruta del nopal ["tuna"]" [NŌCH-TŌTŌ-TL]

- QUECHŌL- "movimiento pendular" [TEŌ-QUECHŌL, XIUH-QUECHŌL, XIHUA-PAL-QUECHŌL]
- QUETZAL- "resplandeciente" [QUETZAL-TŌTŌ-TL, QUETZAL-TEZOLOC-TON, QUETZAL-HUĪTZIL-IN]
- TELOLO- "pelota" [TELOLO-HUĪTZIL-IN]
- TEN- "nariz/pico" [XOCHI-TEN-ACAL, TEN-ITZ-TLI]
- TEŌ- "sagrado" [TEŌ-QUETZAL, TEŌ-QUECHŌL, TEO-TZINITZCAN, TEŌ-TZANA-TL]
- TLĀCA-/TLACA- "persona"; o "tratamiento respetuoso" [TLĀCA-HUILO-TL]
- TLAHCO- "medio, centro", quizás "típico"; TLACŌ-TL "bastón, bastón, interruptor" [TLAHCO-CUĀUH-TLI]
- TLĀL- "tierra, terreno, propiedad" [TLĀL-CHICUA-TLI]
- TLAPAL- "tinte rojo, tinta roja", "algo teñido/sangre" [TLAPAL-HUĪTZIL-IN, TLAPAL-TŌTŌ-TL]
- TLĀUH- > TLĀHUI-TL "ocre rojo" [TLĀUH-QUECHŌL]
- TLOH- "halcón" [TLOH-CUĀUH-TLI]
- TZINITZCAN- "plumas preciosas de ave", verde o rojo
- XIUH-/XIHUA-/XI--, "jade" [XIUH-QUECHŌL, XIHUA-PAL-QUECHŌL, XI-HUĪTZITZIL-IN, XIUH-TŌTŌ-TL]
- XOCHI- "flor" [XOCHI-TEN-ACAL, XOCHI-TŌTŌ-TL]
- XOPAN- "primavera" [XOPAN-TŌTŌ-TL]
- YACA- "pico" [YACA-PITZA-HUAC, YACA-CIN-TLI, YACA-PATLA-HUAC]
- YAUH-TIC, "oscuro", [YAUHTIC HUĪTZIL-IN]
- YOHUAL- "nocturno" [YOHUAL- CUĀUH-TLI, YOHUAL-TOH-TLI]
- YOLLO- "corazón" [YOLLO-TŌTŌ-TL]
- ZACA- "hierba" [ZACA-TECOLO-TL, ZACA-TLA-TLI]
- ZOQUI- "barro" [ZOQUI-CANAUH-TLI, ZOQUI-Ā-ZŌL-IN]

Apéndice 5

Nombres Onomatopéyicos o Simbólicos Sonoros (N = 24)

Todas las citas son de García Quintana & López Austin, 1988. Incluyo también aves nombradas por algún aspecto de sus características vocalizaciones, en caso de que no sean onomatopeyas estrictamente hablando:

ĀCA-CHICHIC-TLI (Avetoro Menor) "Y llámase así porque su canto es *achichichic*" (p. 704).

Ā-CHALALAC-TLI (Martín Pescador Norteño) "Llámate así porque tu canto escha *cha cha cha cha cha cha cha cha*" (p. 703) (clip de sonido de Liza Verkony, ML436910561).

Ā-TAPALCA-TL (Pato Tepalcate) "Llámanse *atapácate* porque, cuando quiere llover, un día antes y toda la noche hace ruido en el agua con las alas, batiendo en el agua con las alas" (p. 702). No es exactamente onomatopéyico, pero suena simbólico.

Ā-TEPONĀZ-TLI/Ā-TONCUEPO-TLI/TOL-COMOC-TLI (Avetoro Norteño)

> ... por eso se llama *tolcomoctli:* como canta, resuena. Por esta razón se llama *atoncuepotli:* cuando canta, se escucha claramente explotar; es muy ruidoso y se llama *ateponaztli* porque de lejos suena como un tambor de dos tonos, así de fuerte es (CF, p. 33).

Estos tres sinónimos especifican la semejanza de las llamadas "retumbantes" del avetoro con varios ruidos fuertes familiares para los lugareños.

ĀYACACH-TŌTŌ-TL (matracas del género *Campylorhynchus*) "Llámase *ayacachtototl* porque canta como soena las sonajas que llaman *ayacachtli* [sonajas]. Dice *chacha cha, xi xi xi xi, cha xe xi, cha xe chi, cho, cho, cho, cho*" (p. 708).

CHACHALACAME-TL (Chachalaca Pálida) "Canta en verano, y por eso le llaman *chachalacámetl.* Cuando se juntan muchas destas aves, una dellas comienza a cantra, y luego la sigen todas las otras" (p. 712). El nombre es obviamente onomatopéyico, aunque no explícito aquí.

CHIQUIMO-LIN (pájaro Carpintero Imperial)

> Y cuando canta, grita mucho, trina, a veces como silbando con los dedos; y canta como si fueran muchos pájaros.... Pero cuando parece chillar, está enojado.... Pero cuando silba, dicen que es feliz.... (CF, pp. 52–53).

Tal vez no suene realmente simbólico, pero el nombre parece reflejar las vocalizaciones centrales de las percepciones locales de esta especie.

CŌCOH-TLI (Tortolita Cola Larga) "Llámanse *cocotli* porque cuando cantan dicen *coco coco*.... No se casan más de una vez. Y cuando muere el uno, el otro siempre anda como llorando, y solitario, diciendo *coco coco*" (p. 709).

COHUIX-IN (Rascón Azteca) "Y llámanla ansí porque cuando canta dice *cohuixi, cóhuix*" (p. 700) (clip de sonido de Anuar López, ML432093161).

COYOL-TŌTŌ-TL (tordos sargento y cabeza amarilla) "Y cantan muy bien. Por esto se llama *coyoltototl,* que quiere decir 'ave que canta como cascabel" (p. 711).

CUĪTLACOCH-IN/CUĪTLACOCH-TŌTŌ-TL (Cuicacoche Pico Curvo) "Canta muy bien. Llámalo *cuitlacochtototl* por razón de su canto, que dice *cuitlácoch, cuitlácoch, tarata tarat tatatati,* etcétera" (p. 711) (clip de sonido de Andrew Theus, ML436112051).

HUĀC-TLI$_1$ (Garza Nocturna Corona Negra) "Llámase por este nombre, *huactli,* porque cu- ando canta dice *huac, huac*" (p. 704).

HUĀC-TLI$_2$ (Halcón Guaco)

> Canta de esta manera: a veces se ríe como un hombre; como un hombre que habla puede pronunciar estas palabras: *yeccan, yeccan, yeccan.* Cuando se ríe, dice *ha ha ha ha ha, ha hay, ha hay, hay hay, ay.* Especialmente cuando encuentra su comida, realmente se ríe (CF, p. 42) (clip de sonido de Adam Betuel, ML436679641).

HUĪLŌ-TL (Huilota Común) "Y parece llorar constantemente; hace [el sonido] *uilo-o-o.* Y su nombre, *uilotl,* está tomado de su canción, que dice *uilo*" (CF, p. 51). Una buena aproximación a la llamada de la huilota.

HUĪTZITZIL-IN (colibrí). No se señala explícitamente como onomatopéyica, pero sí claramente.

IXMATLA-TŌTŌ-TL (Tinamú Mayor) "Llámase por este nombre, *ixmatlatototl,* porque su canto es como habla de persona. Dice cuando canta *campa hué, campa hué,* y es una palabra que usa la gente de aquellas partes" (p. 695) (clip de sonido de Adam Dudley, ML432084251).

PŌPOCALES (Rascón Nuca Canela) "Tiene este nombre porque canta, diciendo *popocalex* a la puesta del sol, y antes que sale canta, diciendo *popocálex*" (p. 695) (clip de sonido de Jesse Lopez Herra, ML435824171).

QUILI-TON (periquito). *Quili* puede ser una imitación de las llamadas chillonas de estos periquitos, aunque esto no es explícito en ninguna parte.

TACHITOHUIYA (Vireón Esmeralda) "Llámase *tachitohuia* porque canta diciendo su cantar, es *tachitohuia*" (p. 708) (clip sonoro de Daniel Garrigues, ML437064221).

TAPAL-CATZOTZON-QUI (Lechuza de Campanario) "Es como la lechuza salvo que cuando canta suena como cuando golpean una teja con otra" (p. 708). Esta es una buena descripción del chasquido del pico tan típico de la lechuza común en vuelo.

TECOLŌ-TL (Búho Cornudo) "Tiene una voz grave cuando ulula; dice, *tecolo, tecolo, o, o*" (CF, p. 42). Una excelente imitación de las llamadas típicas de un búho cornudo.

TECUCIL-TŌTŌ-TL (Tinamú Canelo) "Y llámase así porque cuando canta dice *tecuhcilton, tecuhcilton.* Tiene delgada la voz" (p. 695) (clip sonoro de Vicente Desjardins, ML435021671).

TEZOLOC-TLI (chorlitos/playeros) "Hacen ruido cuando vuelan" (p. 696).

TLATHUICICI-TLI (Saltapared Barranqueño) "Y su canto es *tlathuicicitli.* Canta en los tlapancos y sobre las paredes, y despierta la gente con su cantar. *Tlathuicicitli* quiere decir: 'Hola, hola, ya amanece!'" (p. 709) (clip de sonido de Brayden Luikart, ML436865601).

Apéndice 6

Comparación de las identificaciones de Martín del Campo (1940) con las de Hunn (2023)

Si la especie nombrada es la misma pero el nombre común ha cambiado, se cita entre paréntesis el nombre común original de Martín del Campo. Los números en la tercera columna indican lo siguiente: 1: Hunn está de acuerdo con Martín del Campo; 2: Hunn no está de acuerdo con Martín del Campo y ofrece una identificación alternativa; 3: Hunn sugiere una identificación mientras que Martín del Campo difiere; 4: Hunn difiere mientras Martín del Campo ofrece una sugerencia; y 5: ni Hunn ni Martín del Campo tienen idea de la identidad del ave. El número de casos de cada uno se cuenta a continuación.

Martín del Campo	Hunn	
Quetzal Mesoamericano	Quetzal Mesoamericano	1
Coa Mexicana	Coa Mexicana	1
Espátula Rosada	Espátula Rosada	1
Momoto Corona Negra	Momoto Corona Negra	1
Oropéndola de Moctezuma (“troupial”)	Oropéndola de Moctezuma	1
Cacique Mexicano	Cacique Mexicano	1
Garza Agami	Jacana Norteña	2
Mielero Patas Rojas (“mielero azul”)	Mielero Patas Rojas	1
Cotinga Azuleja	Cotinga Azuleja	1
Momoto Cejas Azules	Momoto Cejas Azules	1
Tucancillo Verde	Tucán Pico Canoa	2
Cuclillo Canelo	Cuclillo Canelo	1
Picogordo Azul	Picogordo Azul	1
Loro Cabeza Amarilla	Loro Cabeza Amarilla	1
Guacamaya Roja	Guacamaya Roja	1
Loro Frente Blanca	Loro Frente Blanca	1
Perico de Pecho Sucio	Perico Frente Naranja	2
Loro Tamaulipeco	Loro Tamaulipeco	1

Martín del Campo	Hunn	
Colibríes	Colibríes	1
Zumbador Cola Ancha	Colibrí Multicolor	2
Colibrí Cabeza Violeta	colibrí no identificado	4
Colibrí Pico Ancho/Colibrí Berilo	Colibrí Pico Ancho	1
colibrí no identificado	colibrí no identificado	5
Zumbador Canelo	Colibrí Orejas Violetas	2
Zumbador Mexicano ("colibrí heloisa")	Colibrí Corona Violeta	2
Zumbador de Allen	colibrí no identificado	4
Colibrí Canelo	Colibrí Canelo	1
Colibrí Opaco/Colibrí Garganta Azul	Colibrí Picudo Occidental/Colibrí Orejas Blancas	2
Colibrí Garganta Rubí	Zumbador Cola Ancha/Colibrí Lucifer	2
colibrí no identificado	colibrí no identificado	5
Picogordo Degollado	Cabezón Degollado	2
Rallidae	Rascón Nuca Canela	3
0	Tinamú Canelo	3
0	Tinamú Mayor	3
pato	pato	1
ganso	Pijije Alas Blancas	2
Grua Gris	Grua Gris	1
0	Charrán Real/Charrán Elegante	3
0	playeros	3
Pelícano Blanco Americano	Pelícano Blanco Americano	1
Gallareta Americana	Gallinula Frente Roja	2
Gallareta Americana	Gallareta Americana	1
Garza Nocturna Corona Negra	Garcita Verde	2
Agachona Nortamericana	Agachona Nortamericana	1
Falaropo Cuello Rojo	Monjita Americana/falaropos	2
Golondrina Risquera	Golondrina Risquera	1
Golondrina Tijereta	Golondrina Tijereta	1
Garza Dedos Dorados	Garza Dedos Dorados	1
Garza Azul	Garza Morena	2
Guajolote Ocelado	Guajolote Norteño	2
Anhinga Americana	Cormorán Neotropical	2
Achichilique Pico Amarillo	los dos achichiliques	1
Rayador Americano	Charrán Negro	2
Cigüeña Americana	Cigüeña Americana	1
Gallineta Morado	Gallineta Morado	1

Apéndice 6: Comparación de las identificaciones de Martín del Campo con las de Hunn

Martín del Campo	Hunn	
Avetoro Norteño	Avetoro Norteño	1
Charlo Gris	Rascón Azteca	2
Avoceta Americana	Avoceta Americana	1
Cerceta Alas Verdes	Cerceta Alas Verdes	1
Cerceta Alas Azules	Cerceta Alas Azules	1
Pato Coacoxtle	Pato Coacoxtle	1
Mergo Cresta Blanca	Pato Arcoíris	2
Pato Monja	Pato Monja	1
Pato Tepalcate	Pato Tepalcate	1
Pato Golondrino	Pato Golondrino	1
Pato Chalcuán	Pato Chalcuán	1
Zambullidor Orejón	Zambullidor Orejón	1
0	Pato Boludo Menor	2
Pato de Collar	Pato Friso	2
Cerceta Canela	Cerceta Canela	1
Martín Pescador Norteño	Martín Pescador Norteño	1
Pato Cucharón Norteño	Pato Cucharón Norteño	1
Gaviota de Franklin	Gaviota Reidora	2
Achichilique Pico Amarillo	Avetoro Menor	2
0	águila/gavilán	3
Águila Real	Águila Real	1
Aguililla Negra Menor	Águila Elegante	2
0	Aguililla Cola Blanca	3
0	Pájaro Estaca Norteña	3
Gavilán Rastrero	Gavilán Rastrero	1
0	Gavilán Zancón	3
Águila Real	Águila Real	1
Águila Pescadora	Águila Pescadora	1
Zopilote Rey	Caracara Quebrantahuesos	2
Halcón Guaco	Halcón Guaco	1
Zopilote Común	Zopilote Común/Zopilote Aura	1
0	Búho Cornudo	3
Tecolote Llanero	Búho Cara Blanca/Búho Sabanero	2
Cuervo Común	Cuervo Común	1
Cigüeña Jabirú	Ibis Ojos Rojos	2
Gaviota de Franklin	Gaviota de Franklin	1
halcón/Halcón Mexicano	halcón/Halcón Mexicano	1
Gavilán Rastrero	Gavilán Azor	2

Martín del Campo	Hunn	
0	Halcón Peregrino	3
Cernícalo Americano	Cernícalo Americano	1
0	Halcón Fajado	3
0	Halcón Peregrino	3
0	Halcón Mexicano	3
0	Halcón Murcielaguero	3
Chotacabras Menor	Halcón Murcielaguero	2
Halcón Esmerejón	Halcón Esmerejón	1
Verdugo Americano	Verdugo Americano	1
Calandria Flancos Negros ("cejas naranjas")	Calandria Flancos Negros	1
Matraca Tropical	matracas de *Campylorhynchus*	1
0	Vireón Esmeralda	3
Carpintero Cheje	Carpintero Cheje	1
Tapacaminos Cuerporruín	Tapacaminos Cuerporruín	1
Pava Cojolita	Pava Cojolita	1
Lechuza del Campanario	Lechuza del Campanario	1
Lechuza del Campanario	Lechuza del Campanario	1
0	Tecolote Llanero	3
Rascador Viejita	Rascador Viejita	1
saltapared de *Thryothorus*	Saltapared barranqueño	2
Pradero Tortillaconchile	Pradero Tortillaconchile	1
gorrión	gorrión	1
Papamoscas Cardenalito	Papamoscas Cardenalito	1
Chipe Rojo	Chipe Rojo	1
Pinzón Mexicano	Pinzón Mexicano	1
Tortolita Cola Larga	Tortolita Cola Larga	1
Codorniz de Moctezuma	Codorniz de Moctezuma	1
Zanate de Lerma	Zanate de Lerma	1
Zanate Mayor	Zanate Mayor	1
Tordo Sargento/Tordo Cabeza Amarilla	Tordo Sargento/Tordo Cabeza Amarilla	1
Huilota Común	Huilota Común	1
Tortolita Pico Rojo	Paloma Común	2
Cuicacoche Pico Curvo	Cuicacoche Pico Curvo	1
Centzontle Norteño	Centzontle Norteño	1
0	Jilguerito Dominco	3
Carpintero Mexicano	Carpintero Imperial	2
Chachalaca Oriental	Chachalaca Pálida	2
Guajolote Norteño, domesticado	Guajolote Norteño, domesticado	1

Apéndice 6: Comparación de las identificaciones de Martín del Campo con las de Hunn

Summary		
1. Hunn está de acuerdo con Martín del Campo	1	78
2. Hunn no está de acuerdo y sugiere un alternativo	2	34
3. Hunn sugiere, Martín del Campo no tuvo ningún idea	3	19
4. Hunn no tiene ningún idea, Martín del Campo sugerío	4	2
5. Ni él ni yo tuvimos algún idea	5	2
6. Martín del Campo sugerío estos	1 & 2 & 4	113
7. Hunn sugiere estos alternativos	2 & 3	53
8. Sugerencias de Hunn	1 & 2 & 3	131
9. Total de especias sugeridas	1 & 2 & 3	133

Permisos

Se ha obtenido el permiso de uso para las siguientes figuras

Figura 5. Museo de Bellas Artes de San Francisco.

Figura 6. Permiso de uso (reproducción) otorgado por Kunsthistorisches Museum, Wien.

Figura 7. Permiso de uso otorgado por Akademische Druck- und Verlagsanstalt, Graz, Austria.

Figura 25. Permiso de uso otorgado por Mark Penrose, editor en jefe de la American Ornithological Society.

Figura 36. Derechos de uso comercial de Ehecatl comprados a Symbolikon.

La Biblioteca Macaulay otorgó permiso para el uso de las Figuras 8, 9, 10, 12, 13, 14, 15, 16, 17, 18, 19 20, 21, 23, 24, 25, 26, 27, 28, 29, 30, 33, 35, 38. Los nombres de las personas que originalmente publicaron las fotos se proporcionan entre paréntesis después del título de cada figura.

La School of American Research otorgó permiso para usar las traducciones al inglés del texto original en náhuatl. Estas traducciones se citan de Fray Bernardino de Sahagún en C.E. Dibble & A.J.O. Anderson 1963. Copyright 1981. Todos los derechos reservados.

Los CC BY-SA se aplican a las siguientes cifras

Figura 1. Valle de México CC BY-SA 3.0

Figure 3. Fray Bernardino de Sahagún CC BY-SA 4.0

Figura 39. CHIQUIMO-LI, pájaro carpintero imperial (Geller-Grimm 2003CC BY-SA 2.5) con mapa de rango histórico (Clark and Brown 2020CC BY-SA 4.0).

Dominio publico

Figura 2. Moctezuma Xocoyotzin

Referencias citadas

Alcántara-Salinas G. (2011). *Comparative study of Cuicatec and Zapotec ethno-ornithology, with reference to contextual variation in a time of environmental and social change in Oaxaca, Mexico.* [Unpublished doctoral dissertation]. University of Kent, UK.

Alcántara-Salinas, G., Hunn, E. S. y Rivera-Hernández, J. E. (2015). Biodiversidad de las aves en dos comunidades zapotecas de Oaxaca: el papel de la conservación comunitaria en San Miguel Tiltepec y San Juan Mixtepec. *Ecologia humana, 43*(5), 735–748.

Alcántara-Salinas G., Eugene S. Hunn, María Elena Ibáñez-Bravo, Elda Miriam Aldasoro-Maya, Noé Flores-Hernández, Juan Antonio Pérez-Sato, Natalia Real-Luna, Rafael Arturo Muñoz-Márquez Trujillo, Diana Lope-Alzina, Jaime Ernesto Rivera-Hernández. (2022). Bird conservation status and cultural values in Indigenous Mexican communities: towards a bioculturally informed conservation policy. *Journal of Ethnobiology and Ethnomedicine, 18*(69). https://ethnobiomed.biomedcentral.com/articles/10.1186/s13002-022-00567-z.

Anderson, E. N. (2011). Etnobiología: Visión general de un campo en crecimiento. En E. N. Anderson, D. M. Pearsall, E. S. Hunn, y N. J. Turner (Eds.), *Etnobiología* (pp. 1–14). Wiley-Blackwell, Hoboken, Nueva Jersey.

Anderson, E. N., y Medina Tzuc, F. (2005). *Los animales y los mayas en el sureste de México.* University of Arizona Press, Tucson.

Atran, S. (1990). *Los fundamentos cognitivos de la historia natural: Hacia una antropología de la ciencia.* Prensa de la Universidad de Cambridge, Cambridge, Massachusetts.

Berdan, F. F., y Anawalt, P. R. (Eds.). (1992). *El Códice Mendoza.* Prensa de la Universidad de California, Berkeley.

Berlin, B. (1992). *Clasificación etnobiológica: Principios de categorización de plantas y animales en sociedades tradicionales.* Prensa de la Universidad de Princeton, Princeton, Nueva Jersey.

Berlin, B., y Kay, P. (1969). *Términos básicos de color: su universalidad y evolución.* Prensa de la Universidad de California, Berkeley.

Berrin, K. (Ed.). (1988). *Serpientes emplumadas y árboles en flor: Reconstruyendo los murales de Teotihuacan.* El Museo de Bellas Artes de San Francisco, California.

Coe, M. D. (1962). *Mexico.* Prager, Nueva York.

Clark, K. B., y Brown, D. E. (2020). Carpintero imperial (*Campephilus imperialis*). CC BY-SA 4.0 (https://creativecommons.org/licenses/by-sa/4.0/). En T. S. Schulenberg &

B.K. Keeney (Eds.), Birds of the World. Versión 2.0. Laboratorio de Ornitología de Cornell, Ithaca, Nueva York. (https://doi.org/10.2173/bow.impwoo1.02).

Diamond, J.M. (1966). Sistema de clasificación zoológica de un pueblo primitivo. *Ciencia, 151*(3714), 1102–1104.

Dibble, C.E., & Anderson, A.J.O. (Traductores). (1963). *Códice Florentino, Libro 11—Cosas terrenales.* Monografías de la Escuela de Investigación Americana y el Museo de Nuevo México, Número 14, Parte XII. La Escuela de Investigación Americana y la Universidad de Utah. Santa Fe, Nuevo México.

Ellen, R. (1982). *Medio ambiente, subsistencia y sistema: la ecología de las formaciones sociales a pequeña escala.* Prensa de la Universidad de Cambridge, Cambridge, Reino Unido.

Friedmann, H., Griscom, L., & Moore, R.T. (1950). Lista de distribución de las aves de México, Parte 1. *Avifauna de la Costa del Pacífico* No. 29.

García Quintana, J.G., & Lopéz Austin, A. (1988). *Historia general de las cosas de Nueva España, Fray Bernardino de Sahagún.* Alianza Editorial Mexicana, Cuaderno Nacional para la Cultura y las Artes, México, D.F.

Geller-Grimm, Fritz. 2003 Carpintero imperial, (*Campephilus imperialis*), macho y hembra de México, Museo Wiesbaden, MWNH, Colección Estatal de Historia Natural. CC BY-SA 2.5 (https://creativecommons.org/licenses/by-sa/2.5/).

Haemig, P.D. (1978). El emperador azteca Auitzotl y el Grackle de cola grande. *Biotropica, 10*, 11–17.

Howell, S.N.G., y Webb, S. (1995). *Una guía de las aves de México y el norte de Centroamérica.* Prensa de la Universidad de Oxford, Nueva York.

Hunn, E.S. (1977). *Zoología popular tzeltal: la clasificación de las discontinuidades en la naturaleza.* Academic Press, Nueva York.

Hunn, E.S. (2008). *Una historia natural zapoteca: árboles, hierbas y flores, pájaros, bestias e insectos en la vida de San Juan Gbëe.* Prensa de la Universidad de Arizona, Tucson.

Hunn, E.S., y Brown, C.H. (2011). Etnobiología lingüística. In E.N. Anderson, D.M. Pearsall, E.S. Hunn, & N.J. Turner (Eds.), *Etnobiología* (pp. 319–333). John Wiley & Sons, Hoboken, Nueva Jersey.

Johannes, R.E. (1981). *Palabras de la laguna.* Prensa de la Universidad de California, Berkeley

Karttunen, F. (1983). *Un diccionario analítico del náhuat.* Universidad de Oklahoma, Norman.

Lammertink, M., Gallagher, T.W., Rosenberg, K.V., Fitzpatrick, J.W., Liner, E., Rojas-Tomé, J., & Escalante, P. (2011). Documentación fílmica del probablemente extinto pájaro carpintero imperial (*Campephilus imperialis*). *El alca,* 128(4), 671–677.

Leon-Portilla, M. (1992). *Las lanzas rotas: el relato azteca de la conquista de México.* Edición revisada. Beacon Press, Boston.

LeRoi, A.M. (2014). *La laguna: cómo Aristóteles inventó la ciencia.* Pingüino, Nueva York.

Majnep, I.S., y Bulmer, R.N.H. (1977). *Aves de mi país Kalam.* Universidad de Auckland Press, Auckland, Nueva Zelanda.

Martín del Campo, R. (1940). Ensayo sobre la interpretación del libro undécimo de la Historia general de las cosas de Nueva España de Fray Bernardino de Sahagún – 11 las Aves (1). *Anales del Instituto de Biología, Tomo XI, Numero 1.* México, D.F.

Miller, A.H., Friedmann, H., Griscom, L., y Moore, R.T. (1957). Lista de distribución de las aves de México, Parte 2. *Avifauna de la Costa del Pacífico* No. 33.

Minnis, P.E., Whelan, M.E., Kelley, J.H., & Stewart, J.D. (1993). Cría de guacamayos prehistóricos en el suroeste de América del Norte. *Antigüedad americana, 58*(2), 270–276.

Molina, Fray Alonso de. (1571). *Vocabulario en lengua castellana y mexicana y mexicana y castellana.* Puerro, Ciudad de México.

Morales Vera, T.E., & Edmundo, T. (2006). Las aves de los *Comcáac* ["The birds of the Comcáac"] (Sonora, México). [Unpublished thesis.] Licenciado en Biología, Universidad Veracruzana, Xalapa, Veracruz.

Rea, A.M. (2007). *Alas en el desierto: una ornitología popular de los pimanes del norte.* Prensa de la Universidad de Arizona, Tucson.

Schoenhals, L.C. (1988). *Un glosario español-inglés de la flora y fauna mexicana.* Instituto Lingüístico de Verano, México, D.F.

Sibley, D.A. (2014). *La guía Sibley de las aves, segunda edición.* Alfred A. Knopf, Nueva York.

Terraciano, K. (2019). Introducción. Una enciclopedia de la cultura nahua: contexto y contenido. En J.F. Peterson, & K. Terraciano (Eds.), *El códice florentino. Una enciclopedia del mundo nahua en el México del siglo XVI* (pp. x–18).

Todorov, T. (1984). *La conquista de america.* Traducido del francés por R. Howard. Harper & Row, Nueva York.

Wikipedia. (2022). El sistema lacustre dentro del Valle de México en la época de la conquista española alrededor de 1519 (https://en.wikipedia.org/wiki/Valle_de_Mexico).

Wikipedia. (2022). Moteuczoma Xocoyotzin, un tardío 17elretrato del siglo XIX atribuido a Antonio Rodríguez (https://es.wikipedia.org/wiki/Moctezuma_II).

Wikipedia. (2022). Fray Bernardino de Sahagún (https://en.wikipedia.org/wiki/Bernardino de Sahagún; from Museo Nacional de Historia, Mexico).

Wikipedia. (2022). Fundación de Tenochtitlan (Codex Mendoza, folio 61r, Berdan & Anawalt 1992:127; con permiso de University of California Press).

Wikipedia. (2022). Tocado de Moctezuma (con permiso del Welt Museum Wien, Viena, Austria) con texto anónimo.

Wood, S. (Ed.). (2000–2020). *Diccionario de náhuatl en línea.* Wired Humanities Projects, Facultad de Educación, Universidad de Oregón, Eugene.

Índice de nombres de pájaros en español y en latín

Índice de nombres de aves en náhuatl

Índice de temas

www.ingramcontent.com/pod-product-compliance
Lightning Source LLC
LaVergne TN
LVHW070952210926
848482LV00002B/190
9798988418139